技工院校公共基础课程教材配套用书

数学（第8版 下册）

学习指导与练习

主　　编：刘飞兵

参　　编：肖能芳　汪志忠　丁彦娜　李慧清

　　　　　陈楚南　贺　燕　高永祥　郑少军

　　　　　刘志涛

中国劳动社会保障出版社

简介

本学习指导与练习是技工院校公共基础课程教材《数学（第8版　下册）》的配套用书，按照教材章节顺序编排，紧扣教学要求，题型丰富多样。每一节安排学习目标、学习提示和若干个习题单元，每章设有实践活动、复习题和测试题。习题单元和复习题中均设有 A、B 两组题目，A 组题目为基本题，适合全体学生使用；B 组题目为提高题，供教学选用。

图书在版编目（CIP）数据

数学（第 8 版　下册）学习指导与练习/刘飞兵主编.
北京：中国劳动社会保障出版社，2024.-- （技工院校
公共基础课程教材配套用书）.-- ISBN 978-7-5167
-6707-8

Ⅰ.O1

中国国家版本馆 CIP 数据核字第 20245Z0V55 号

数学（第 8 版　下册）学习指导与练习

SHUXUE（DI 8 BAN XIACE）XUEXI ZHIDAO YU LIANXI

中国劳动社会保障出版社出版发行

（北京市惠新东街 1 号　邮政编码：100029）

*

河北燕山印务有限公司印刷装订　　新华书店经销

787 毫米×1092 毫米　16 开本　7.75 印张　193 千字
2024 年 12 月第 1 版　　2025 年 1 月第 2 次印刷

定价：15.00 元

营销中心电话：400-606-6496
出版社网址：https://www.class.com.cn
https://jg.class.com.cn

目　录

第1章

数列

1.1 数列的基本知识

学习目标

理解数列的概念，掌握数列的分类，了解数列的通项公式，能够根据通项公式求值，以及根据数列的规律求出数列的通项公式.

学习提示

1. **数列的定义**：按照一定次序排成的一列数称为数列. 数列中的每一个数都称为这个数列的项.

2. **数列的分类**：项数有限的数列称为**有穷数列**，项数无限的数列称为**无穷数列**. 各项相等的数列称为**常数列**.

3. **数列的通项公式**：如果数列$\{a_n\}$的第n项a_n与序号n之间的关系可以用一个公式来表示，这个公式就称为数列$\{a_n\}$的通项公式.

4. **数列的前n项和**：数列$\{a_n\}$前n项相加的和，称为数列的前n项和，常用S_n表示，即$S_n = a_1 + a_2 + a_3 + \cdots a_n$.

习题 1.1.1

A 组

1. 下列说法正确的是（   ）.

A. 数列 1，2，3，4，5 和 5，4，3，2，1 是同一个数列

B. 数列$\{a_n\}$中，$a_3 = 5$ 表示第 5 项是 3

C. 数列是按照一定次序排列着的一列数

D. 1，2，3，4，5 和 1，2，3，4，5，…是同一个数列

2. 已知数列$\dfrac{1}{5}$，$\dfrac{1}{10}$，$\dfrac{1}{15}$，$\dfrac{1}{20}$，…，则$\dfrac{1}{40}$是它的第（   ）项.

A. 6   B. 7   C. 8   D. 9

3. 观察下面各数列的特点，在横线处填入适当的数：

(1) 2，2，2，_____，2，2，_____，2，2，…；

(2) 1，8，27，_____，125，_____，343，…；

(3) −3，−1，1，_____，5，7，_____，11，…；

(4) $\sqrt{17}$，$\sqrt{15}$，_____，$\sqrt{11}$，3，_____，$\sqrt{5}$，$\sqrt{3}$.

4. 按数列分类，数列 2，4，6，8，…，100 是_____数列；数列 1，$\dfrac{1}{2}$，$\dfrac{1}{4}$，$\dfrac{1}{8}$，…是_____数列.

5. 根据数列的定义，下列数的排列都是数列吗？

(1) 0, 1, 2, 3, 4;

(2) 1, 1, 1, 1, 1;

(3) $-\dfrac{1}{2}$, $\dfrac{1}{4}$, $-\dfrac{1}{8}$, $\dfrac{1}{16}$, ….

6. 下面各题中的两个数列是否是相同的数列？为什么？

(1) 0, 1, 2, 3, …和1, 2, 3, …;

(2) 1, 2, 3, 4, 5和1, 2, 3, 4, 5, …;

(3) 1, $\dfrac{1}{2}$, $\dfrac{1}{3}$, $\dfrac{1}{4}$, $\dfrac{1}{5}$和$\dfrac{1}{5}$, $\dfrac{1}{4}$, $\dfrac{1}{3}$, $\dfrac{1}{2}$, 1.

7. 请写出目前通用的人民币面额按从大到小的顺序排列的数列.

8. 某剧场有15排座位，第1排有20个座位. 从第2排起，后一排都比前一排多2个座位，请写出从第1排到第15排的座位数.

B 组

1. 如下图所示，一堆钢管共堆放了 7 层，请写出钢管数排成的数列（自上而下）.

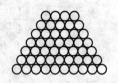

2. 在一个数列中，对于确定的项数 n，都有一个确定的数 a_n 与它对应. 因此，a_n 是项数 n 的函数，自变量是 n，项数 n 的取值范围是正自然数 1，2，3，…请将第 1 题的数列在下图中用图形表示出来.

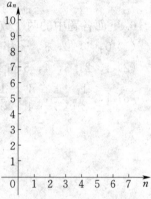

3. "一尺之棰，日取其半，万世不竭"的意思是：一尺长的木棍，每天取其一半，永远也取不完. 如果将"一尺之棰"看作 1 份，请依次写出取 1 至 8 天以后剩下的部分的长度.

习题 1.1.2

A 组

1. 判断对错：数列 2，−2，2，−2，2，−2 既是有穷数列，也是常数列. （　　）

2. 数列 $\{a_n\}$ 的前 4 项分别为 1，0，1，0，则下式中不可作为它的通项公式的是（　　）.

A. $a_n = \dfrac{1+(-1)^{n+1}}{2}$

B. $a_n = \begin{cases} 1, & n \text{ 为正奇数} \\ 0, & n \text{ 为正偶数} \end{cases}$

C. $a_n = \dfrac{1+(-1)^{n+1}}{2} + (n-1)(n-2)$

D. $a_n = \dfrac{(-1)^{n-1}+1}{2}$

3. 已知数列 $\{a_n\}$ 的通项公式为 $a_n = 3n + 2$，则 $a_4 - a_3 = $ _____.

4. 根据下面数列 $\{a_n\}$ 的通项公式，写出它们的前 5 项.

(1) $a_n = 2^n - 1$；

(2) $a_n = (-1)^n(2n - 1)$；

(3) $a_n = (-1)^{n+1}n(n+1)$.

5. 已知下面数列的前 4 项，写出它们的通项公式.

(1) 3，5，7，9，$\cdots$；

(2) $\dfrac{1}{2}$，$-\dfrac{1}{4}$，$\dfrac{1}{6}$，$-\dfrac{1}{8}$，$\cdots$；

(3) $\dfrac{1}{2}$，$\dfrac{2}{3}$，$\dfrac{3}{4}$，$\dfrac{4}{5}$，$\cdots$.

6. 根据下面数列 $\{a_n\}$ 的通项公式，写出它们的前 4 项，并写出各数列的第 8 项.

(1) $a_n = 2^n - 1$；

(2) $a_n = (-1)^n(3n - 1)$；

(3) $a_n = (-1)^{n-1}\dfrac{1}{2n+1}$.

B 组

1. 已知数列的通项公式是 $a_n = n(n+1)$.

(1) 182 是不是这个数列中的项？如果是，是第几项？

(2) 100 是不是这个数列中的项？如果是，是第几项？

2. 写出下面数列 $\{a_n\}$ 的前 5 项.

(1) $a_1 = 5$, $a_{n+1} = a_n + 3$;

(2) $a_1 = 3$, $a_2 = 6$, $a_{n+2} = a_{n+1} - a_n$.

3. 观察下面数列，写出数列的一个通项公式.

(1) 1, 4, 7, 10, 13, …;

(2) 1, $-\dfrac{1}{3}$, $\dfrac{1}{5}$, $-\dfrac{1}{7}$, $\dfrac{1}{9}$, …;

(3) 9, 3, 1, $\dfrac{1}{3}$, $\dfrac{1}{9}$, ….

习题 1.1.3

A 组

1. 设数列 $\{a_n\}$ 的前 n 项和 $S_n = 2n^2 + 1$，则 a_1，a_2 的值依次是（　　）.

A. 2，9　　　　　　　　B. 2，7　　　　　　　　C. 3，6　　　　　　　　D. 3，9

2. 设数列 $\{a_n\}$ 的通项公式是 $a_n = n^2 - 2n - 1$，求这个数列的前 4 项和 S_4.

3. 已知数列 $\{a_n\}$ 的前 n 项和 $S_n = 4n^2 + 1$，求 $a_3 + a_4 + a_5$.

B 组

1. 设数列 $\{a_n\}$ 的前 n 项和 $S_n = n^2$，则数列 $\{a_n\}$ 的通项公式是（　　）.

A. $a_n = 2n - 1$

B. $a_n = 2n + 1$

C. $a_n = \begin{cases} 2, & n = 1 \\ 2n - 1, & n \geq 2 \end{cases}$

D. $a_n = n$

2. 由于数列的前 n 项和 $S_n = a_1 + a_2 + a_3 + \cdots + a_n$，其前 $n-1$ 项的和 $S_{n-1} = a_1 + a_2 + a_3 + \cdots + a_{n-1}$. 因此，数列 $\{a_n\}$ 的通项 a_n 与前 n 项和之间的关系为

$$a_n = \begin{cases} S_1, & n = 1, \\ S_n - S_{n-1}, & n \geq 2. \end{cases}$$

下面分别是数列 $\{a_n\}$ 的前 n 项和公式，求数列的通项公式.

(1) $S_n = 2n^2 + n$；

(2) $S_n = n^2 - 3n$.

1.2 等差数列

学习目标

理解等差数列、等差中项的定义，会根据等差数列的定义判断一个数列是否是等差数列；掌握等差数列的通项公式，并能运用它来解决一些实际问题；掌握等差数列前 n 项和的两个公式，并会运用公式解决实际问题.

学习提示

1. **等差数列的定义**：一般地，如果一个数列从第 2 项起，每一项与它的前一项的差都等于同一个常数，这样的数列就称为**等差数列**，这个常数称为等差数列的**公差**，公差通常用小写英文字母 d 表示.

2. **等差中项**：一般地，如果 a，A，b 成等差数列，则 $A-a=b-A$，即 $A=\dfrac{a+b}{2}$，这时，A 就称为 a 与 b 的等差中项.

3. **等差数列的通项公式**：$a_n=a_1+(n-1)d \ (n\in \mathbf{N}^*)$.

4. **等差数列的前 n 项和公式**：$S_n=\dfrac{n(a_1+a_n)}{2}$，$S_n=na_1+\dfrac{n(n-1)}{2}d$.

习题 1.2.1

A 组

1. 下列数列中，成等差数列的是 （　　）.

A. 9，99，999，9 999，… 　　　　　　B. 1，$\dfrac{1}{2}$，$\dfrac{1}{3}$，$\dfrac{1}{4}$，…

C. 2，4，8，16，… 　　　　　　　　　D. 5，10，15，20，…

2. 下列数列中，公差为 -2 的等差数列是 （　　）.

A. 2，0，2，0，2，0，… 　　　　　　B. 0，2，0，2，0，2，…

C. 7，5，3，1，-1，… 　　　　　　D. 2，4，6，8，10

3. $\sqrt{3}+\sqrt{2}$ 与 $\sqrt{3}-\sqrt{2}$ 的等差中项是 （　　）.

A. $2\sqrt{3}$ 　　　　　　　　　　　　B. $\sqrt{3}$

C. $2\sqrt{2}$ 　　　　　　　　　　　　D. $\sqrt{2}$

4. 小明期末考试语文、数学、英语的成绩依次成等差数列，已知小明的语文成绩是 80，英语成绩是 98，则小明的数学成绩是 （　　）.

A. 62 　　　　　　　　　　　　　　　B. 89

C. 85 　　　　　　　　　　　　　　　D. 无法确定

5. 等差数列的通项公式 $a_n=6+(n-1)\times(-3)$，则 $a_1=$＿＿＿＿＿，$d=$＿＿＿＿＿.

6．求等差数列 2，5，8，…的通项公式和第 8 项．

7．等差数列 -6，-9，-12，…的第几项是 -36？

8．（1）在 -1 和 7 之间插入一个数，使它与已知的两个数成等差数列，求这个数；

（2）在 -1 和 7 之间插入三个数，使它们与已知的两个数成等差数列，求这三个数．

9．在等差数列 $\{a_n\}$ 中，

（1）$d=2$，$a_7=15$，求 a_1．

（2）$a_1=3$，$d=-2$，$a_n=-37$，求 n．

B 组

1．在等差数列 $\{a_n\}$ 中，已知 $a_2=-8$，$a_4=8$，则 $a_6=$（　　）．

A. 0 　　　　　　　　B. 16 　　　　　　　　C. 24 　　　　　　　　D. 32

2．在等差数列 $\{a_n\}$ 中，已知 $a_3+a_{88}=68$，则 $a_5+a_{86}=$（　　）．

A. 58 　　　　　　　　B. 68 　　　　　　　　C. 70 　　　　　　　　D. 80

3. 等差数列 -2，$\dfrac{1}{2}$，3，$5\dfrac{1}{2}$，$\cdots$ 的第 $n+1$ 项是_____，第 $n-1$ 项是_____.

4. 在等差数列 $\{a_n\}$ 中，已知 $a_3=-1$，$a_{17}=-29$，求 a_{10} 与 d.

5. 已知三个数成等差数列，它们的和为 12，它们的积为 60，求这三个数.

6. 人们在 1740 年观察到一颗彗星，并推算出这颗彗星每隔 83 年出现一次.
(1) 请写出由这颗彗星出现的年份构成的数列的通项公式；
(2) 2155 年这颗彗星会不会出现？

习题 1. 2. 2

A 组

1. 等差数列 1，5，9，13，$\cdots$ 的前 18 项的和是（　　）.
A. 530　　　　　　　B. 630　　　　　　　C. 580　　　　　　　D. 650

2. 在等差数列 $\{a_n\}$ 中，$S_n=n^2-2n$，则 $a_1=$_____.

3. 在等差数列 $\{a_n\}$ 中，$S_9=-50$，则 $a_1+a_9=$_____.

4. 在等差数列 $\{a_n\}$ 中，$S_n=n^2+2n$，则 $a_4+a_5+a_6=$_____.

5. 在等差数列 $\{a_n\}$ 中，已知：
(1) $a_1=1$，$a_{10}=10$，求 S_{10}；

(2) $a_1=3$，$d=-\dfrac{1}{2}$，求 S_{10}.

6. 求前 100 个正偶数的和.

7. 已知等差数列 $\{a_n\}$ 的通项公式为 $a_n = -5n + 2$，求 S_{10}.

8. 某扇形音乐厅共有 20 排座位，后一排都比前一排多 2 个座位，最后一排有 70 个座位，这个音乐厅共有多少个座位？

B 组

1. 若等差数列 $\{a_n\}$ 的公差为 d，则数列 $\{3a_n\}$（   ）.
   A. 是公差为 d 的等差数列　　　　　　　　B. 不是等差数列
   C. 是公差为 $3d$ 的等差数列　　　　　　　 D. 以上选项都不正确

2. 若三个连续整数的和为 36，则紧随它们后面的三个连续整数的和为（   ）.
   A. 36　　　　　　　 B. 38　　　　　　　 C. 45　　　　　　　 D. 50

3. 已知 $\{a_n\}$ 为等差数列，$a_2 = 18$，$a_5 = 3$，则 $S_5 =$（   ）.
   A. 63　　　　　　　 B. 65　　　　　　　 C. 58　　　　　　　 D. 67

4. 填空.

(1) $1+2+3+4+\cdots+100=$ _____;

(2) $1+3+5+7+\cdots+99=$ _____;

(3) $2+4+6+8+\cdots+100=$ _____.

5. 在等差数列 $\{a_n\}$ 中，已知 $a_{21}=-7$，$d=-\dfrac{1}{2}$，求 S_{21}.

6. 在等差数列 $\{a_n\}$ 中，已知 $a_3=-2$，$a_8=13$，求 S_7.

1.3 等比数列

学习目标

理解等比数列、等比中项的定义，会根据等比数列的定义判断一个数列是否是等比数列；掌握等比数列的通项公式，并能运用它来解决一些实际问题；掌握等比数列前 n 项和的两个公式，并会运用公式解决实际问题.

学习提示

1. **等比数列的定义**：一般地，如果一个数列从第 2 项起，每一项与它的前一项的比都等于同一个非零常数，这样的数列就称为等比数列，这个常数称为等比数列的公比，公比通常用字母 q 表示（$q \neq 0$）.

2. **等比中项**：一般地，如果 a，G，b 成等比数列，则 $\dfrac{G}{a}=\dfrac{b}{G}$，即 $G^2=ab$，这时 G 就称为 a 与 b 的等比中项.

3. **等比数列的通项公式**：$a_n=a_1 q^{n-1}$（$n \in \mathbf{N}^*$）.

4. **等比数列的前 n 项和公式**：$S_n=\dfrac{a_1(1-q^n)}{1-q}=\dfrac{a_1-a_n q}{1-q}$（$q \neq 1$）或 $S_n=na_1$（$q=1$）.

习题 1.3.1

A 组

1. 下列数列中，不成等比数列的是（　　）.

A. 1，$\dfrac{1}{2}$，$\dfrac{1}{4}$，$\dfrac{1}{8}$，…　　　　　　　B. lg 2，lg 4，lg 16，lg 256，…

C. 1，4，9，16，…　　　　　　　　　D. 2，-2，2，-2，…

2. 常数列 3，3，3，3，…是（　　）.

A. 公差为 0 的等差数列，但不是等比数列

B. 公比为 1 的等比数列，但不是等差数列

C. 公差为 0 的等差数列，也是公比为 1 的等比数列

D. 以上选项都不正确

3. 数列 $\{a_n\}$ 满足 $a_{n+1}=-3a_n$，则该数列（　　）.

A. 是公比为 3 的等比数列

B. 是公比为 -3 的等比数列

C. 当 $a_n\neq 0$ 时，是公比为 -3 的等比数列

D. 不是等比数列

4. 已知 8，m，2，-1 依次成等比数列，则 m 的值是（　　）.

A. 4　　　　　　　　B. -4　　　　　　　　C. ± 4　　　　　　　　D. 6

5. 等比数列 2，4，8，16，…的通项公式 $a_n=$ _____.

6. 在等比数列 $\{a_n\}$ 中，$a_3=3$，$a_6=9$，则 $a_9=$ _____.

7. （1）求出等比数列 1，3，9，27，…的通项公式和第 8 项.

（2）已知等比数列 4，2，1，$\dfrac{1}{2}$，…，求它的通项公式并判断 $\dfrac{1}{64}$ 是该数列的第几项.

（3）在等比数列 $\{a_n\}$ 中，已知 $a_3=5$，$a_6=40$，求公比 q.

8. 求下列各组数的等比中项.

（1）-2 和 -32；

（2）$2+\sqrt{3}$ 与 $2-\sqrt{3}$.

9. 在 9 与 243 中间插入两个数，使它们与已知的两个数成等比数列，求这两个数.

10. 汽车变速器用齿轮传动变速. 输出齿轮与输入齿轮的转速之比叫做齿轮传动的传动比. 对于挡位比较多的汽车变速器，各挡位的传动比有近似于等比数列的关系，称为"等比数列传动比分配方式".

某种型号汽车五挡变速器的各挡传动比按从高到低的顺序为

$$i_{g1}=6.854，i_{g2}=4.236，i_{g3}=2.616，i_{g4}=1.618，i_{g5}=1.000.$$

计算各挡传动比与高一挡传动比的比值，并判断该型号汽车变速器各挡位传动比是否采用等比数列传动比分配方式（精确到 0.001）.

B 组

1. 在等比数列 $\{a_n\}$ 中，已知 $a_1=3$，$q=-2$，$a_n=192$，则 $n=$（   ）.

A. 7 　　　　　　　　 B. 6 　　　　　　　　 C. 5 　　　　　　　　 D. 4

2. 在等比数列 $\{a_n\}$ 中，$a_3a_8=-6$，则 $a_5a_6=$（   ）.

A. -6 　　　　　　 B. 6 　　　　　　　　 C. -9 　　　　　　 D. 9

3. 在等比数列 $\{a_n\}$ 中，已知 $a_1=1$，$a_n=256$，$q=2$，求这个等比数列的项数.

4. 在等比数列 $\{a_n\}$ 中，已知 $a_2=2$，$a_4=18$，求通项公式.

5. 已知 $\{a_n\}$ 为等比数列，$a_7=2$，$a_{17}=2\,048$，求 a_{12}.

6. 某公司每年盈利按相同的百分比增长，若第一年的盈利为 100 万元，第三年的盈利为 144 万元，求该公司每年盈利的增长率.

习题 1.3.2

A 组

1. 在等比数列 $\{a_n\}$ 中，已知 $a_1=-1$，$q=\dfrac{1}{3}$，则 $S_4=$ （　　）.

A. $-\dfrac{121}{81}$ 　　　　　　B. $\dfrac{121}{81}$ 　　　　　　C. $-\dfrac{40}{27}$ 　　　　　　D. $\dfrac{40}{27}$

2. 在等比数列 $\{a_n\}$ 中，$S_n=\dfrac{1}{2^n}$，则 $a_1=$ _____.

3. 在等比数列 $\{a_n\}$ 中，$a_1=3$，$q=-2$，$S_n=33$，则 $n=$ _____.

4. 如果 2，x，3 成等差数列，10，4，y 成等比数列，则 $xy=$ _____.

5. 求等比数列 1，-2，4，-8，… 的前 10 项的和.

6. 在等比数列 $\{a_n\}$ 中，已知：

(1) $a_1=1$，$q=-2$，求 S_8；

(2) $a_1=-\dfrac{3}{2}$，$a_4=96$，求 q，S_4.

7. 求等比数列 1，2，4，… 从第 5 项到第 10 项的和.

B 组

1. 若等比数列 $\{a_n\}$ 的公比为 q，则数列 $\{3a_n\}$（　　　）.

A. 是公比为 q 的等比数列　　　　　　　　B. 不是等比数列

C. 是公比为 $3q$ 的等比数列　　　　　　　　D. 以上选项都不正确

2. 如果一个等比数列前 3 项的和等于 7，前 6 项的和等于 63，那么它的前 9 项和等于（　　　）.

A. 489　　　　　　　B. 150　　　　　　　C. 512　　　　　　　D. 511

3. 在等比数列 $\{a_n\}$ 中，已知 $a_1 = 36$，$a_5 = \dfrac{9}{4}$，求 q 和 S_5.

4. 在等比数列 $\{a_n\}$ 中，已知 $a_n = 1\,296$，$q = 6$，$S_n = 1\,554$，求 n 和 a_1.

5. 做一个边长为 2 cm 的正方形，以这个正方形的对角线为边做第二个正方形，再以第二个正方形的对角线为边做第三个正方形……这样一共做了 10 个正方形，求这 10 个正方形的面积之和.

6. 某公司为了激励员工，决定每年给员工的奖金按固定的比例递增. 已知第一年的奖金总额为 10 万元，后面每年比上一年递增 10%. 若公司计划连续发放 5 年的奖金，求这 5 年奖金的总额.

复习题

A 组

一、填空题

1. 一般地，如果一个数列从_____，每一项与它的_____的差都等于_____，这样的数列就称为等差数列，常数 d 称为这个等差数列的_____．等差数列 $\{a_n\}$ 的通项公式 $a_n=$ _____．前 n 项和 $S_n=$ _____ $=$ _____．

2. 一般地，如果一个数列从_____，每一项与它的_____的比都等于_____，这样的数列就称为等比数列，非零常数 q 称为这个等比数列的_____．等比数列 $\{a_n\}$ 的通项公式 $a_n=$ _____．前 n 项和 $S_n=$ _____ $=$ _____ $(q \neq 1)$，$S_n=$ _____ $(q=1)$．

3. 等差数列 8，6，4，2，…的第 20 项是_____．

4. 在等差数列 $\{a_n\}$ 中，$a_2=2$，$a_4=7$，那么这个数列的通项公式 $a_n=$ _____．

5. 在等差数列 $\{a_n\}$ 中，如果 $a_1+a_{20}=20$，则 $S_{20}=$ _____．

6. 如果 6 是 x 与 4 的等比中项，则 x 与 4 的等差中项为_____．

7. 在等比数列 $\{a_n\}$ 中，$a_2=6$，$a_6=96$，那么此数列中 $q=$ _____，$S_5=$ _____．

8. 在等比数列 $\{a_n\}$ 中，$a_6=a$，$a_{10}=3a$ $(a \neq 0)$，则 $a_4=$ _____．

9. 在等比数列 $\{a_n\}$ 中，$a_1+a_2=10$，$a_3+a_4=50$，那么 $a_5+a_6=$ _____．

二、选择题

1. 已知数列 1，$-\dfrac{1}{2}$，$\dfrac{1}{3}$，$-\dfrac{1}{4}$，…，$(-1)^{n+1}\dfrac{1}{n}$，…，那么该数列第 10 项的值为（　　）．

 A. -1 B. 1 C. $-\dfrac{1}{10}$ D. $\dfrac{1}{10}$

2. 数列 -1，1，-1，1，…的通项公式是（　　）．

 A. $(-1)^{n+1}$ B. $(-1)^{n-1}$ C. $(-1)^n$ D. $(-1)^{2n}$

3. 下列说法正确的是（　　）．

 A. 等比数列 32，16，8，4 的公比是 2

 B. 等差数列 -1，-2，-3，-4 的公差是 -1

 C. 常数列 a，a，a，a，…既是等差数列，又是等比数列

 D. 以上选项都正确

4. 数列 3，3，3，3，…前 100 项的和是（　　）．

 A. 100 B. 300

 C. 3^{100} D. 因为公比为 1，所以无法计算

5. 已知 $a_n=2n^2-n$，那么（　　）是数列 $\{a_n\}$ 中的一项．

A. 30   B. 44   C. 66   D. 90

6. 在等差数列 $\{a_n\}$ 中，$a_3+a_9=8$，则 $a_5+a_7=$ （　　　）.

A. 5   B. 6   C. 7   D. 8

7. 在等比数列 $\{a_n\}$ 中，$a_3 a_9=8$，则 $a_5 a_7=$ （　　　）.

A. 5   B. 6   C. 7   D. 8

8. 在等差数列 $\{a_n\}$ 中，$a_1=1$，$a_5=9$，$S_n=100$，则 $n=$ （　　　）.

A. 8   B. 9   C. 10   D. 11

9. 在等比数列 $\{a_n\}$ 中，$a_1=6$，$S_2=9$，则 $q=$ （　　　）.

A. -2 B. $-\dfrac{1}{2}$ C. $\dfrac{1}{2}$ D. 2

三、解答题

1. -401 是不是等差数列 -5，-9，-13，…的项？如果是，是第几项？

2. 设四个数 2，x，18，y 成等比数列，求 x 和 y.

3. 一名学生计划每天背诵一定数量的英语单词，他决定每天比前一天多背 2 个单词. 如果他第 1 天背了 20 个单词，那么他在前 15 天总共背了多少个单词？

4. 某工厂生产的产品数量每月按相同的百分比增长，已知第一个月生产了 100 件产品，第三个月生产了 121 件产品，求该工厂前 5 个月的总生产量.

B 组

一、填空题

1. 在等比数列中，$a_2 = \frac{4}{9}$，$a_4 = \frac{16}{81}$，那么这个数列的通项公式 $a_n =$ _____.

2. 在等差数列中，$a_5 = 7$，$d = 2$，那么此数列中 $a_8 =$ _____，$S_{10} =$ _____.

3. 在等比数列中，$a_1 = 3$，$a_n = -3a_{n+1}$，则 $a_7 =$ _____.

4. 在等差数列中，已知前 n 项的和为 25，前 $2n$ 项的和为 100，则前 $3n$ 项的和为

_____.

二、选择题

1. 数列 -2，$\frac{5}{3}$，$-\frac{10}{5}$，$\frac{17}{7}$，…的通项公式是（   ）.

A. $a_n = (-1)^n \dfrac{n^2 + 1}{2n + 1}$ B. $a_n = (-1)^n \dfrac{n(n-1)}{2n-1}$

C. $a_n = (-1)^{n+1} \dfrac{n^2 + 1}{2n - 1}$ D. $a_n = (-1)^n \dfrac{n^2 + 1}{2n - 1}$

2. 方程 $x^2 - 6x + 4 = 0$ 两根的等比中项是（   ）.

A. 3   B. ± 2 C. $\pm\sqrt{6}$ D. 2

3. 已知数列前 n 项的和 $S_n = 4n^2 - n + 2$，则它的通项公式是（   ）.

A. $a_n = 8n - 5$，$n \geqslant 1$ B. $a_n = \begin{cases} 5, & n = 1 \\ 8n - 5, & n \geqslant 2 \end{cases}$

C. $a_n = 8n - 5$，$n \geqslant 2$ D. $a_n = 8n + 5$

三、解答题

1. 已知等比数列 2，4，8，16，…，求：

（1）通项公式；

（2）第 5 项到第 10 项的和.

2. 在数列 $\{a_n\}$ 中，$a_1 = 5$，$a_n = -5a_{n+1}$，求通项公式.

3. 某公司推出了一款新产品，其销售额每年呈现等比增长. 已知第一年的销售额为 30 万元，第三年的销售额为 120 万元，经过多少年总销售额可以超过 1 800 万元？

实 践 活 动

A 先生想开一家餐馆，初步估计需要资金 60 万元，已有资金 30 万元，欲通过贷款方式筹备资金，五年还清. 假定当年银行五年零存整取的年利率为 1.55%，贷款年利率为 4.75%，贷款应五年后一次性还清. A 先生准备在五年期间通过每月等额向银行存一笔偿债基金的方法还款，且五年后用这一笔基金恰好还完贷款及利息，则其每月该存入多少元？

建立数学模型：

计算过程：

得出结论：

测 试 题

总分 100 分，时间 90 分钟

一、选择题（每题 3 分，共 30 分）

1. 已知数列的通项公式为 $a_n = 1 - (n-1)^2$，则 $a_4 = $（   ）.

A. -15 B. -13 C. -11 D. -8

2. 数列 3，6，9，12，…的通项公式为（   ）.

A. $a_n = 3^n$ B. $a_n = 3n$ C. $a_n = 3n - 1$ D. $a_n = n^{3n}$

3. 数列 4，7，10，13，…的通项公式为（   ）.

A. $a_n = 3n$ B. $a_n = 3n + 1$

C. $a_n = 3n - 1$ D. $a_n = 3n + 2$

4. 下列数列中，公差为 -3 的等差数列是（   ）.

A. 3，0，3，0，3，0，…   B. 0，3，0，3，0，3，…

C. 8，5，2，-1，…   D. 2，5，8，11，10，14

5. 在等差数列 $\{a_n\}$ 中，已知 $a_1 = -3$，$d = 2$，则 $a_n = $（   ）.

A. $2n - 1$ B. $2n - 5$ C. $2n + 1$ D. $2n - 3$

6. 在等差数列 $\{a_n\}$ 中，已知 $a_1 = -6$，$a_4 = 3$，则 $d = $（   ）.

A. 6   B. 5   C. 4   D. 3

7. 在等差数列 $\{a_n\}$ 中，已知 $a_1 = -3$，$a_{14} = 13$，则 $S_{14} = $（   ）.

A. 100   B. 80   C. 70   D. 50

8. 在等差数列 $\{a_n\}$ 中，已知 $a_1 = -1$，$d = 2$，则 $S_{10} = $（   ）.

A. 80   B. 160

C. 360   D. 无法确定

9. 等比数列 6，12，24，48，…的公比是（   ）.

A. 2   B. 4   C. 6   D. 8

10. 在等比数列 $\{a_n\}$ 中，已知 $a_1 = 1$，$q = 2$，则 $a_8 = $（   ）.

A. 1 024   B. 512   C. 256   D. 128

二、填空题（每题 4 分，共 20 分）

1. 已知数列的通项公式为 $a_n = n^2 + 2n$，则 120 是这个数列的第_____项.

2. 在数列 $\{a_n\}$ 中，已知 $a_1 = 1$，$a_2 = 2$，$a_{n+2} = a_{n+1} + a_n$，则 $a_5 = $_____.

3. 在等差数列 $\{a_n\}$ 中，已知 $a_6 = 5$，$a_{16} = 35$，则 $a_{11} = $_____.

4. 在等比数列 $\{a_n\}$ 中，已知 $a_1 = 3$，$q = 2$，则 $S_8 = $_____.

5. 在等比数列 $\{a_n\}$ 中，已知 $a_2 = \dfrac{1}{9}$，$q = 3$，则 $a_9 = $_____.

三、计算题（每题 5 分，共 20 分）

1. 在等差数列 $\{a_n\}$ 中，已知 $a_3=2$，$d=-5$，求 a_{13}.

2. 在等差数列 $\{a_n\}$ 中，已知 $a_5=8$，$a_{15}=48$. 求 d.

3. 在等比数列 $\{a_n\}$ 中，已知 $a_5=1$，$a_8=125$，求 q.

4. 在正项等比数列 $\{a_n\}$ 中，已知 $a_3=4$，$a_7=64$，求 S_6.

四、解答题（每题 6 分，共 30 分）

1. 电影院有 30 排座位，后一排比前一排多 2 个座位，最后一排有 80 个座位，这个电影院共有多少个座位？

2. 已知三个数成等差数列，它们的和为 9，乘积为 15，求这三个数.

3. 某人在银行存入 20 000 元，假设存款年利率为 3%，选择单利（仅本金计算利息）的计息方式，20 年后本息总和是多少？

4. 某人在银行存入 10 000 元，假设存款年利率为 3％，选择年复利（期间所生利息与本金共同计算利息）的计息方式，20 年后本息总和是多少（精确到个位）？

5. 某商场第一年销售计算机 10 000 台，如果平均每年的销量比上一年增长 10％，那么从第一年起，约多少年内可使总销量达到 60 000 台（精确到个位）？

第 2 章

排列与组合

2.1 计数原理

学习目标

能根据实际情境，运用分类计数（加法）原理和分步计数（乘法）原理解决一些简单的计数问题.

学习提示

1. **分类计数原理（加法原理）**：如果完成一件事有 n 类办法，在第 1 类办法中有 k_1 种不同的方法，在第 2 类办法中有 k_2 种不同的方法……在第 n 类办法中有 k_n 种不同的方法，那么完成这件事共有 $N=k_1+k_2+\cdots+k_n$ 种不同的方法.

2. **分步计数原理（乘法原理）**：如果完成一件事需要分成 n 个步骤完成，做第 1 步有 k_1 种不同的方法，做第 2 步有 k_2 种不同的方法……做第 n 步有 k_n 种不同的方法，那么完成这件事共有 $N=k_1\times k_2\times\cdots\times k_n$ 种不同的方法.

A 组

1. 学校本学期开设 3 门不同的非遗文化传承课程和 4 门不同的语言类课程作为选修课，从中任选一门的不同方法有（　　　）种.

A. 6　　　　　　　　B. 7　　　　　　　　C. 8　　　　　　　　D. 9

2. 一名儿童做加法游戏. 在一个红口袋中装着 20 张分别标有数字 1，2，…，19，20 的卡片，从中任取一张，把上面的数作为被加数；在另一个黄口袋中装着 10 张分别标有数字 1，2，…，9，10 的卡片，从中任取一张，把上面的数作为加数. 这名儿童一共可以列出（　　　）个加法公式.

A. 30　　　　　　　B. 190　　　　　　　C. 200　　　　　　　D. 400

3. 在一个口袋中有 2 个白球、3 个黑球、4 个红球，每个球的编号不同，从中任取一球，有 _____ 种不同的取法（若球的编号不同，则视为不同的取法）；从 3 种颜色的球中各取一个，有 _____ 种不同的取法.

4. 某班有三好学生 10 人，其中男生 6 人，现选一人去领奖，有 _____ 种不同的选法；若在男、女生中各选一人去领奖，则有 _____ 种不同的选法.

5. 学校羽毛球队共有队员 23 人，其中女队员 10 人，男队员 13 人，现要组成一个混合双打队伍参加比赛，有 _____ 种不同的选法.

6. 文体节开幕式中，某专业的方队来自三个不同的班级，三个班级参加的人数分别有 15 人、16 人、17 人，求：

（1）从中任选 1 人来担任旗手，共有多少种不同的选法？

（2）从三个班级中各选 1 人来担任领队，共有多少种不同的选法？

7. 一种号码锁有 4 个拨号盘，每个拨号盘上有从 0 到 9 共 10 个数字，这 4 个拨号盘可以组成多少个四位数字号码？

8. 3 个班分别从 5 个风景点中选择一处游览，不同选法的种数是 5^3 还是 3^5？

9. 某校有三个不同的教学部门，三个部门的教师数量分别是 6 人、8 人、12 人，现需要从三个部门各选 1 人组建支教队伍，共有多少种不同的组建方法？

B 组

1. 代数式 $(a_1+a_2+a_3)(b_1+b_2+b_3+b_4)(c_1+c_2+c_3+c_4+c_5)$ 展开后共有_____项.

2. 有不同的中文书 11 本，不同的英文书 8 本，不同的日文书 5 本，从中取出不是同一种文字的书 2 本，有多少种不同的取法？

3. 如下图所示，要给 A，B，C，D 四个区域分别涂上 6 种不同的颜色中的某一种，允许同一种颜色使用多次，但相邻的区域必须涂不同的颜色，则有多少种涂色方案？

A	B
C	
D	

4. 用 1，2，3，4，5 可组成多少个三位数（各位上的数字允许重复）？

2.2 排列

学习目标

能够根据实际情境，把实际问题归结为排列问题，并运用排列的知识解决问题.

学习提示

1. **排列**：一般地，从 n 个不同元素中取出 m 个元素（n，$m \in \mathbf{N}^*$，$m \leqslant n$），按照一定的顺序排成一列，称为从 n 个不同元素中取出 m 个元素的一个排列.

2. **排列数**：一般地，从 n 个不同元素中取出 m 个元素（n，$m \in \mathbf{N}^*$，$m \leqslant n$）的所有排列的个数，称为从 n 个不同的元素中取出 m 个元素的排列数. 用符号 A_n^m 表示.

3. **全排列**：从 n 个不同元素中取出全部 n 个元素的一个排列称为 n 个元素的一个全排列. 全排列数的计算公式为 $\mathrm{A}_n^n = n(n-1)(n-2) \times \cdots \times 3 \times 2 \times 1$.

阶乘：正整数 1，2，3，$\cdots$，n 的连乘积称为 n 的阶乘，记作 $n!$，即 $\mathrm{A}_n^n = n!$

4. **排列数公式**（m，$n \in \mathbf{N}^*$，$m \leqslant n$）：

(1) $\mathrm{A}_n^m = n(n-1)(n-2)\cdots(n-m+1)$；

(2) $\mathrm{A}_n^m = \dfrac{n!}{(n-m)!}$.

习题 2.2.1

A 组

1. 由 2，4，6，8 组成数字不重复的自然数的个数是（　　）.

A. A_4^4　　　　　　　　　　　　B. $\mathrm{A}_4^1 + \mathrm{A}_4^2 + \mathrm{A}_4^3 + \mathrm{A}_4^4$

C. $\mathrm{A}_1^1 + \mathrm{A}_2^2 + \mathrm{A}_3^3 + \mathrm{A}_4^4$　　　　　D. 以上选项都不正确

2. 判断下列问题是不是求排列数的问题，如果是，请写出相应排列数的符号.

(1) 校足球队有 15 名队员，从中任选 11 名队员参加比赛，有多少种选法？

(2) 某班有 30 位同学，从中选出正、副班长各一名，共有多少种选法？

（3）从甲、乙、丙、丁4名同学中选取2名同学参加某一天的一项活动，共有多少种不同的选法？

（4）从甲、乙、丙、丁4名同学中选取2名同学参加某一天的一项活动，其中一名同学参加上午的活动、一名同学参加下午的活动，共有多少种不同的选法？

3. 某班级从6名运动员中选4名参加4×100米接力比赛，共有多少种参赛方法？

4. 从1，2，3，4，5，6六个数字中任取三个组成没有重复数字的三位数，共可组成多少个这样的三位数？

5. 从全班 40 位同学中选出 5 位同学参加学校五项不同的比赛，有多少种选法？

B 组

1. 3 名男生和 4 名女生排成一排照相，若 3 名男生必须站在一起的排法种数是（　　）.
A. A_7^7　　　　　　　　　B. $A_3^3 \cdot A_4^4$　　　　　　　　C. $A_4^4 \cdot A_4^4$　　　　　　　　D. $A_3^3 \cdot A_5^5$

2. 在甲、乙、丙三位同学中选出两位分别担任正、副班长，有多少种不同的选法？

3. 写出北京、上海、广州、重庆四地（每城市以一个机场计）之间的直达航线所需要的各种不同的经济舱飞机票.

4. 1，2，3 三个数可组成多少个没有重复数字的三位数？

5. 写出从 a，b，c，d 四个元素中每次取出三个元素的所有不同的排列.

习题 2.2.2

A 组

1. $18 \times 17 \times 16 \times \cdots \times 9 \times 8$ 等于（   ）.

A. A_{18}^8 　　　　　　　B. A_{18}^9 　　　　　　　C. A_{18}^{10} 　　　　　　　D. A_{18}^{11}

2. 从 13 名同学中选出 2 名分别担任班长和团支书，有（   ）种结果.

A. 26 　　　　　　　　B. 78 　　　　　　　　C. 156 　　　　　　　　D. 169

3. 一个火车站有 8 股岔道，停放 4 列不同的火车（每股岔道只能停放一列火车），不同的停放方法有（   ）种.

A. 24 　　　　　　　　B. 12 　　　　　　　　C. 70 　　　　　　　　D. 1 680

4. 某班上午有 4 节课，现从 5 名教师中安排 4 名教师各上一节课，如果甲、乙两名教师不上第一节课，则不同的安排方案种数为（   ）.

A. 36 　　　　　　　　B. 24 　　　　　　　　C. 18 　　　　　　　　D. 72

5. $A_{11}^5 = 11 \times 10 \times 9 \times$ _____.

6. 已知 $A_n^2 = 90$，那么 $n =$ _____.

7. 计算.

(1) A_{15}^4；

(2) A_{100}^3；

(3) $A_8^4 - 2A_8^2$；

(4) $\dfrac{A_7^5}{A_7^4}$.

8. 已知 $A_n^2 = 7A_{n-4}^2$，求 n.

9. 计算 2～8 的阶乘，并填入下表中.

n	2	3	4	5	6	7	8
$n!$							

10. 用 0，1，2，3 四个数可以组成多少个没有重复数字的三位数？

B 组

1. 9 名表演者站成一排表演，规定领唱者必须站在中间，朗诵者必须站在最右侧，共有多少种排法？

2. 用红、黄、蓝三面旗子按一定的顺序从上到下排列在竖直的旗杆上表示信号，每次可以任挂一面、两面或三面，并且不同的顺序表示不同的信号，一共可以表示多少种信号？

3. 用 1，2，3，4，5 五个数字可以组成多少个没有重复数字的四位数？其中有多少个是 5 的倍数？

4. 5 名同学相约一起外出旅游，其中男生 3 名，女生 2 名，现这 5 名同学站成一排拍照留念，则：

（1）若 2 名女生互不相邻，3 名男生也互不相邻，共有多少种不同的排法？

（2）若 2 名女生要站在一起，3 名男生也要站在一起，共有多少种不同的排法？

2.3　组合

学习目标

能够根据实际情境，把实际问题归结为组合问题，并运用组合的知识解决问题.

学习提示

1. **组合**：一般地，从 n 个不同元素中取出 m 个元素（n，$m \in \mathbf{N}^*$，$m \leqslant n$）不考虑顺序组成一组，称为从 n 个不同元素中取出 m 个元素的一个组合.

2. **组合数**：一般地，从 n 个不同元素中取出 m 个元素（n，$m \in \mathbf{N}^*$，$m \leqslant n$）的所有组合的个数，称为从 n 个不同的元素中取出 m 个元素的组合数. 用符号 C_n^m 表示.

3. **组合数公式**（m，$n \in \mathbf{N}^*$，$m \leqslant n$）：

(1) $C_n^m = \dfrac{A_n^m}{A_m^m} = \dfrac{n(n-1)(n-2)\cdots(n-m+1)}{m!}$；

(2) $C_n^m = \dfrac{n!}{m!(n-m)!}$.

4. **组合数性质**：$C_n^m = C_n^{n-m}$.

习题 2.3.1

A 组

1. 判断下列问题属于排列还是组合的问题，并写出相应的排列数或组合数的符号.

(1) 某教学研讨会现场有 30 人，每两人握手一次，共握手多少次？

(2) 学校举办新生杯篮球赛，2024 年秋季新生有 26 个班级，要进行单循环赛，共需要安排多少场比赛？

(3) 某班级有 30 人，现需要选出 8 人参加学院联欢会，共有多少种选法？

(4) 某班级有 25 人，除夕夜班级所有同学两两互发祝福信息，共发送了多少条祝福信息？

2. 某学校开设了7门选修课，要求每个学生从中选学3门，用组合数的符号表示不同选法的种数是多少？

3. 从甲、乙、丙三位同学中任选两位参加学校的安全会议，请写出所有的组合．

4. 有6位同学两两电话问候，共要通话多少次？

B 组

1. 北京、上海、天津、广州四个足球队举行单循环赛，回答下列问题：
(1) 列出所有比赛的双方．
(2) 列出所有冠亚军的可能情况．

2. 已知甲、乙、丙、丁为班级优秀学生干部，现需要从中选两位同学作为班级代表参加学校的表彰大会，回答下列问题：

（1）写出任选两位同学的所有可能情况．

（2）两位同学分别要上台领奖和发表获奖感言，请写出所有的情况．

习题 2.3.2

A 组

1. 9 种产品中有 3 种是名牌，要从这 9 种产品中选 5 种参加博览会，如果名牌产品全部参加，那么不同的选法共有（　　　）种．

A. 30　　　　　　　　B. 12　　　　　　　　C. 15　　　　　　　　D. 36

2. 有 3 张参观券，要在 5 人中确定 3 人去参观，不同方法的种数是_____．

3. 现有 8 名教师，其中男教师 4 名，女教师 4 名，选出 2 名男教师或 2 名女教师去外地学习，有_____种不同的选法．

4. 从 30 人的班级中选出 3 名同学参加学校不同的比赛，其中班长必须参加，则共有多少种选法？

5. 计算.

（1）C_6^2；

（2）C_{10}^4；

（3）$3C_8^3 - 2C_5^2$；

（4）$C_5^1 + C_5^2 + C_5^3 + C_5^4 + C_5^5$.

6. 从 1，2，3，4，…，8，9 这 9 个数字中，任选 2 个数字相加，回答下列问题：

(1) 其和为偶数，共有多少种情况？

(2) 其和为奇数，共有多少种情况？

7. 学校举办新生杯篮球赛，A 学院有 6 个班级，B 学院有 10 个班级，C 学院有 8 个班级，各个学院内分别举行班与班的单循环赛，一共需要比赛多少场？

8. 集合 $\{a，b，c\}$ 的子集有几个？它的真子集有几个？（提示：用组合数知识解答.）

B 组

1. (1) 从多少个不同的元素中任意取出 2 个元素的排列数是 72？

(2) 从多少个不同的元素中任意取出 2 个元素的组合数是 45？

2. 现有1元、5元、10元、20元、50元、100元人民币各一张，可以组成多少种币值？

3. 从单词"education"中选取5个不同的字母排成一排，含有"at"（a，t相连且顺序不变）的不同排列共有多少种？

4. 某医院计划从2名骨科、3名脑外科和4名内科医生中，选择5人组建医疗小分队，回答下列问题：
   (1) 任选5人组成一个医疗小分队，共有多少种不同的选法？
   (2) 若医疗小分队中必须要有且仅有1名骨科医生，有多少种不同的选法？

习题 2. 3. 3

A 组

1. 若 $C_n^{n-1}=55$，则 $n=$ _____.

2. 计算.

(1) C_{10}^8；

(2) C_{50}^{47}；

(3) $C_{99}^{96}+C_{99}^{97}$；

(4) $C_5^0+C_5^1+C_5^2+C_5^3+C_5^4+C_5^5$.

3. 已知 $C_{25}^n = C_{25}^{3n-3}$，求 n.

B 组

1. $\dfrac{3C_{n+2}^6}{C_{n+2}^{n-4}} = $ _____.

2. 若 $C_{23}^{x+1} = C_{23}^{2x+1}$，则 $C_{10}^x = $ _____.

3. 计算.

(1) $C_{n+1}^n C_n^{n-2}$；

(2) $C_n^{n-1} C_{n-1}^{n-2}$.

2.4 二项式定理

学习目标

了解二项式定理，并了解二项式定理的简单应用.

学习提示

1. **二项式定理**：$(a+b)^n = C_n^0 a^n + C_n^1 a^{n-1}b + \cdots + C_n^r a^{n-r}b^r + \cdots + C_n^n b^n$ （$n \in \mathbf{N}^*$）.

2. **二项展开式的通项公式**：$T_{r+1} = C_n^r a^{n-r}b^r$.

A 组

1. $(x+1)^8$ 展开式中第 5 项的系数是（　　）.

A. C_8^2 　　　　　　　　B. C_8^3 　　　　　　　　C. C_8^4 　　　　　　　　D. C_8^5

2. $\left(x - \dfrac{1}{\sqrt{x}}\right)^6$ （$x>0$）展开式的第 6 项是（　　）.

A. x^{-3} B. $-6x^{-\frac{3}{2}}$ C. $6x^{-\frac{2}{3}}$ D. $-6x^{-\frac{5}{2}}$

3. $\left(x^2+\dfrac{1}{\sqrt{x}}\right)^8$ 展开式共有（ ）项.

A. 8   B. 7   C. 9   D. 10

4. $(x-2y)^7$ 展开式中第 3 项的二项式系数是（ ）.

A. C_7^2 B. C_7^3 C. $4C_7^2$ D. $16C_7^5$

5. $(x-2\sqrt{y})^n$ 展开式中第 r 项的系数是（ ）.

A. $(-2)^r C_n^r$ B. C_n^{r-1}

C. $(-2)^{r-1} C_n^{r-1}$ D. $(-2)^{r+1} C_n^{r+1}$

6. $(a-b)^n$ 的展开式的通项公式是_____，第 4 项是_____．

7. $(1-x)^9$ 的展开式的第 4 项是_____．

8. $\left(\dfrac{\sqrt{x}}{2}+\dfrac{2}{\sqrt{x}}\right)^8$ 的展开式的中间项是_____．

9. $\left(2x-\dfrac{1}{x}\right)^9$ 的展开式的第 5 项的系数是_____．

10. 求 $\left(\sqrt[3]{x}-\dfrac{1}{\sqrt[3]{x}}\right)^6$ $(x>0)$ 的展开式的第 3 项及不含 x 的项.

B 组

1. $\left(2x^3+\dfrac{1}{x}\right)^8$ 展开式的常数项是（ ）.

A. 256   B. 112   C. 56   D. 7

2. $(1+2x)^6$ 展开式中含 x^2 的项是_____．

3. 若 $\left(\sqrt[5]{x}-\dfrac{1}{x}\right)^n$ 展开式中第 4 项是常数项，求展开式的中间项.

4. 求 $\left(x^3-\dfrac{1}{2x}\right)^8$ 展开式中不含 x 的项.

复习题

A 组

一、填空题

1. $0! =$ _____；A_n^k 表示有_____个连续正自然数的乘积，最小的数是_____.

2. （1）$\dfrac{A_3^3 - A_4^1}{A_5^2} =$ _____；（2）$C_n^{n-2} = 28$，$n =$ _____.

3. 已知从 n 个不同元素中取出 2 个元素的排列数等于从 $n-4$ 个不同元素中取出 2 个元素的排列数的 7 倍，则 $n =$ _____.

4. 从 10 本不同的图书中至少选 7 本的选法有_____种.

二、选择题

1. 对于下面两个问题：①从 5，11，13 三个数中每次取出两个数相加，最多可以得出多少个和？②从 5，11，13 三个数中每次取出两个数相减，最多可以得出多少个差？可以得出（   ）.

A. 问题①②都属于排列问题

B. 问题①②都属于组合问题

C. 问题①属于排列问题，②属于组合问题

D. 问题①属于组合问题，②属于排列问题

2. 如果有 20 位代表出席一次会议，每位代表都与其他各位代表握一次手，那么一共握手（   ）次.

A. 19　　　　　　B. 20　　　　　　C. 190　　　　　　D. 380

3. 一部纪录影片在 4 个单位轮映，每个单位放映一场，轮映次序有（   ）种.

A. 4　　　　　　B. 16　　　　　　C. 24　　　　　　D. 256

三、解答题

1. 加工某种产品需要经过 5 道工序，每道工序由一个工种完成.

（1）若工序之间互不影响，共有多少种加工顺序？

（2）其中一个工种必须最先开始，有多少种加工顺序？

（3）其中有两个工种必须连续加工，但不分先后顺序，有多少种加工顺序？

2. 在检验产品时，常从产品中抽出一部分进行检查，现从 50 件产品中任意抽取 3 件.

（1）不同的抽法共有多少种？

（2）如果 50 件产品里有 2 件是次品，那么抽出的 3 件中至少有一件是次品的抽法有多少种？

B 组

某生产小组有 15 名工人，其中正、副组长各 1 名，现选派 5 名工人去参加一项活动.

（1）如果组长和副组长必须在内，有多少种选派方法？

（2）如果组长和副组长必须有一人且只需有一人在内，有多少种选派方法？

（3）如果组长和副组长都不在内，有多少种选派方法？

实 践 活 动

体育比赛已成为生活中的一个热门话题. 某赛季足球比赛的计分规则如下：胜一场得 3 分，平一场得 1 分，负一场得 0 分. 一球队打完 15 场，积 33 分. 若不考虑顺序，该队胜、负、平的情况共有多少种？

分析过程：

建立数学模型：

得出结论：

测 试 题

总分 100 分，时间 90 分钟

一、选择题（每题 3 分，共 30 分）

1. 某班有 20 名女生，19 名男生，学校召开学生乘车安全工作会议，要从班级内选一名学生代表参加会议，有（　　）种不同的选法.

　A. 25　　　　　　　B. 14　　　　　　　C. 39　　　　　　　D. 350

2. 节目主持候选人中有 5 名男同学，6 名女同学，若从中任选一名男同学和一名女同学共同主持节目，有（　　）种选法.

　A. 30　　　　　　　B. 31　　　　　　　C. 32　　　　　　　D. 33

3. 用 1，2，3，4 能组成（　　）个没有重复数字的三位数.

　A. 4　　　　　　　B. 14　　　　　　　C. 24　　　　　　　D. 34

4. 计算 $A_4^4 =$（　　）.

　A. 12　　　　　　　B. 24　　　　　　　C. 48　　　　　　　D. 96

5. 从甲、乙、丙、丁 4 名同学中选 2 名同学参加学院的 2 项活动，每人只能参加一项活动，有（　　）种不同的选法.

　A. 3　　　　　　　B. 6　　　　　　　C. 9　　　　　　　D. 12

6. 6 名同学相约一起外出旅游，其中有 3 名男生，3 名女生，现让这 6 名同学站成一排拍照留念，若 3 名女生要站在一起，有（　　）种不同的排法.

　A. 121　　　　　　B. 144　　　　　　C. 169　　　　　　D. 196

7. 若 $C_n^2 = 6$，则 $n =$（　　）.

　A. 2　　　　　　　B. 4　　　　　　　C. 6　　　　　　　D. 8

8. 从 1，3，5 中取两数相乘，有（　　）种不同的积.

　A. 1　　　　　　　B. 2　　　　　　　C. 3　　　　　　　D. 4

9. 10 件产品中，有 8 件合格品，2 件次品. 现从这 10 件产品中任意抽出 3 件，抽出的 3 件中，恰好有 1 件是次品的抽法有（　　）种.

　A. C_2^1　　　　　　B. C_8^2　　　　　　C. $C_8^2 \cdot C_2^1$　　　　　　D. $C_8^1 \cdot C_2^1$

10. $(2x+1)^8$ 展开式的第 4 项系数是（　　）.

　A. 1 560　　　　　B. 1 792　　　　　C. 1 460　　　　　D. 1 528

二、填空题（每题 3 分，共 15 分）

1. 书架上层放有 2 本不同的数学书，下层放有 10 本不同的语文书，从中任选数学书与语文书各一本，有＿＿＿＿＿种不同的取法.

2. 用 0，1，2，3，4 这五个数字可以组成＿＿＿＿＿个没有重复数字的三位数.

3. 若 $A_n^m = 16 \times 15 \times \cdots \times 5 \times 4$，则 $n =$＿＿＿＿＿.

4. 某小组有 11 人，每两人握手一次，共握手＿＿＿＿＿次.

5. 10 件产品中，有 8 件合格品，2 件次品. 现从这 10 件产品中任意抽出 3 件，抽出的 3 件都不是次品的抽法有_____种.

三、计算题（每题 4 分，共 20 分）

1. 三面不同颜色的旗子要插在三个不同的纸箱上，有多少种不同的方法？

2. 计算 $A_8^2 + A_7^2 - A_6^2$.

3. 计算 $C_5^1 + C_5^2 + C_5^3 + C_5^4 + C_5^5$.

4. 若 $A_n^2 = 42$，求 n 的值.

5. 求 $\left(\sqrt{x} - \dfrac{1}{2\sqrt{x}}\right)^4$ 的展开式的常数项.

四、解答题（每题7分，共35分）

1. 甲同学住在深圳，准备本周六上午9点前乘坐高铁前往广州办事，办完事下午3点后再乘坐高铁前往珠海和朋友聚会．已知深圳到广州南站的高铁在上午9点前有29班次，广州南站到珠海的高铁在下午3点到5点间有18班次．甲同学要在预定的时间内完成从深圳到广州再到珠海的行程，有多少种不同的出行方式？

2. 学校准备在校会议中心举办元旦晚会，由于场地有限，除演职人员外，每个班只有3个现场观看名额．某班共35人，其中有10位演职人员，那么从班级中选3个同学去观看元旦晚会有多少种选法？

3. 某活动现场主席台需要用鲜花进行布置，后勤中心有7盆不同的鲜花，分别是2盆月季，3盆红掌和2盆旱金莲，现在需要从中选出5盆摆放在主席台前．主办方要求两侧要各摆一盆红掌，请问有多少种摆放的方法？

4. 100件商品中含有3件次品，其余都是正品，从中任取3件，回答下列问题（本题仅列式，不计算结果）：

（1）3件都是正品，有多少种不同的取法？

（2）3件中恰有1件次品，有多少种不同的取法？

（3）3件中最多有1件次品，有多少种不同的取法？

（4）3件中至少有1件次品，有多少种不同的取法？

5. 写出 $(a+b)^7$ 和 $(a-2b)^6$ 的展开式.

第3章

概率与统计初步

3.1 随机事件及其概率

学习目标

　　通过日常生活中的实例，理解必然事件、不可能事件、随机事件、确定事件的概念；理解试验的样本空间和基本事件；理解频数、频率和概率的概念.

学习提示

　　1. **样本点和样本空间**：在一定条件下，随机试验考察对象的每一个可能的基本结果称为样本点. 所有样本点构成的集合称为样本空间，只含有一个样本点的事件称为基本事件.

　　2. **随机事件**：在一定条件下，可能发生也可能不发生的事件称为随机事件.

　　3. **必然事件**：在一定条件下，必然要发生的事件称为必然事件.

　　4. **不可能事件**：在一定条件下，不可能发生的事件称为不可能事件.

　　5. **频率**：一般地，在相同条件下做试验，重复 n 次，把随机事件 A 出现的次数 m 称为频数，把比值 $\dfrac{m}{n}$ 称为频率.

　　6. **概率**：对于给定的随机事件 A，如果随着试验次数的增加，事件 A 发生的频率 $\dfrac{m}{n}$ 稳定在某个常数上，我们就把这个常数称为事件 A 的概率，记作 $P(A)$.

　　7. **概率的性质**：

性质 1　事件 A 的概率满足 $0 \leqslant P(A) \leqslant 1$.

性质 2　必然事件的概率为 1，即 $P(\Omega)=1$.

性质 3　不可能事件的概率为 0，即 $P(\varnothing)=0$.

习题 3.1.1

　　1. 随机事件是在一定条件下，可能发生也可能＿＿＿＿＿＿的事件.

　　2. ＿＿＿＿＿＿是在一定条件下，一定会发生的事件.

　　3. 在一定条件下，不可能发生的事件称为＿＿＿＿＿＿.

　　4. 抛掷一枚硬币，出现正面或反面是＿＿＿＿＿＿事件.

　　5. 在一个袋子中摸球，若袋中只有红球，则摸出白球是＿＿＿＿＿＿事件.

　　6. 下列事件中：

　　A. 明天太阳从西方升起.

　　B. 抛掷一枚硬币，正面朝上.

　　C. 地球围绕太阳转.

　　D. 一个三角形有三个角.

　　E. 明天会刮风.

　　F. 抛掷一枚骰子，点数为 7.

G. 明天数学考试，班级平均成绩为 75 分.

H. 买一张彩票中奖.

属于随机事件的是＿＿＿＿＿＿＿＿，属于必然事件的是＿＿＿＿＿＿＿＿，属于不可能事件的是＿＿＿＿＿＿＿＿.

习题 3.1.2

1. 为检查某产品的质量情况，对其多次进行抽样检查，结果见下表.

抽样次数/次	5	10	60	150	600	900	1 200	1 800
合格品数/个	5	7	53	131	548	820	1 091	1 631
频率	1	0.7	0.883	0.873	0.913	0.911	0.909	0.906

试据此估计该产品的合格率.

2. 某地区新生婴儿数及其中的男婴儿数见下表.

时间范围	1 年内	2 年内	3 年内	4 年内
新生婴儿数/人	5 554	9 607	13 520	17 190
男婴儿数/人	2 883	4 970	6 994	8 892
男婴出生频率				

（1）计算表中男婴出生频率（精确到 0.01）；

（2）这一地区男婴出生的概率估计值是多少？

3. 对某地近 50 年元旦的天气资料进行分析，其中下雪的结果见下表.

时间	近 10 年	近 20 年	近 30 年	近 40 年	近 50 年
元旦下雪/天	10	18	26	34	40
元旦下雪的频率					

（1）试计算不同时间元旦下雪的频率（精确到 0.01），并填在表格里；

（2）该地元旦下雪的概率约是多少？

实 践 活 动

我们来做抛一枚硬币的试验，观察硬币落下后哪一个面向上.

第一步：全班同学分成若干个小组，组内每位同学各取一枚相同的一元硬币，做 10 次抛硬币的试验，每人记录下试验结果，填入下表.

姓名	试验次数 n	正面向上的次数 m	正面向上的频率 $\dfrac{m}{n}$
	10		

第二步：请小组长统计本组同学的试验结果，填入下表.

组号	试验总次数 n	正面向上的总次数 m	正面向上的频率 $\dfrac{m}{n}$

第三步：请数学课代表统计全班同学的试验结果，填入下表.

实验次数	试验总次数 n	正面向上的总次数 m	正面向上的频率 $\dfrac{m}{n}$

第四步：请同学们找出抛掷硬币时，事件"正面向上"发生的规律，并讨论把一枚硬币抛 100 次和把 100 枚硬币各抛一次的结果相同吗？

3.2　等可能事件的概率

学习目标

理解等可能概率模型的概念；掌握求等可能事件概率的一些常用方法，如排列、组合的方法及枚举法.

学习提示

1. **等可能概率模型**：如果随机试验具有下列两个特点：试验中所有可能出现的基本事件只有有限个，每个基本事件发生的可能性相等，那么，我们把这一试验的概率模型称为等可能概率模型.

2. **求等可能事件概率公式**：在等可能概率模型中，如果基本事件的总数为 n，那么任一基本事件 A_i（$i=1,2,\cdots,n$）发生的概率 $P(A_i)=\dfrac{1}{n}$；而包含 m（$m\leqslant n$）个基本事件

的随机事件 A 的概率为

$$P(A) = \frac{m}{n} = \frac{\text{事件 } A \text{ 包含的基本事件数}}{\text{基本事件总数}}.$$

A 组

1. 一位教师和四位学生排成一排，教师排在正中间的概率是（   ）.

A. $\frac{1}{10}$ B. $\frac{1}{5}$ C. $\frac{2}{5}$ D. $\frac{1}{2}$

2. 一个班级的男生人数是女生人数的 2 倍，随机选一名学生是男生的概率是（   ）.

A. $\frac{1}{2}$ B. $\frac{1}{3}$ C. $\frac{2}{3}$ D. 无法确定

3. 若书架上放有 3 本中文书、4 本英语书、3 本日文书，则任意抽出一本，抽到外文书的概率是（   ）.

A. 0.3   B. 0.5   C. 0.7   D. 0.9

4. 考虑同时抛掷三枚硬币的情形，回答下列问题.

（1）可能出现的结果有 _____，_____，_____，_____，_____，_____，_____，_____；

（2）出现一正两反的结果有 _____，_____，_____；

（3）出现一正两反的概率是 _____.

5. 一个口袋内装有相同的 3 个白球和 4 个黑球，从中任意摸出 2 个，得到 1 个白球和 1 个黑球的概率是 _____.

6. 抛掷一枚骰子两次，抛得点数之和为 7 的概率是 _____.

7. 从一副不包含大小王牌的 52 张扑克牌中任意抽取一张，则抽到红桃或黑桃的概率是多少？

8. 某班共有 40 名学生，其中男生 25 名，女生 15 名，任意选 3 名学生参加学校活动，则选到的学生都是女生的概率是多少？

B 组

1. 从 1，2，3，4，5，6 这六个数字中任取两个数，计算它们都是偶数的概率.

2. 从一副洗好的完整的扑克牌中随机抽取两张（不放回），计算：
（1）两张都抽到黑桃的概率；
（2）一张抽到黑桃，一张抽到梅花的概率.

3. 某体育彩票每一百万张为一组，设特等奖 1 名、一等奖 10 名. 某人任意买 10 张，求下列事件的概率：
（1）中特等奖；
（2）中一等奖.

4. 抛掷 2 枚骰子，计算：

（1）事件"2 枚骰子点数相同"的概率；

（2）事件"点数之和小于 7"的概率；

（3）事件"点数之和等于或大于 11"的概率；

（4）抛得点数之和最容易出现的数是多少？

3.3 事件的关系及其概率运算

学习目标

理解互斥事件与互逆事件（对立事件）的概念与区别；理解独立事件概念，会计算相互独立事件同时发生的概率.

学习提示

1. **互斥事件**：不可能同时发生的两个事件叫做互斥事件.

2. **互逆事件（对立事件）**：两个互斥事件必有一个发生，则称这两个事件为互逆事件（或对立事件）. 事件 A 的互逆事件记为 $\bar{A}$；互逆事件 A 与 $\bar{A}$ 必有一个发生，故 $A \cup \bar{A}$ 是必然事件，从而 $P(A) + P(\bar{A}) = P(A \cup \bar{A}) = 1$.

3. **独立事件**：事件 A（或 B）是否发生对事件 B（或 A）发生的概率没有影响，这样的两个事件叫做相互独立事件.

4. **相互独立事件同时发生的概率** 计算方法：两个相互独立事件同时发生的概率，等于每个事件发生的概率的积，即 $P(A \cdot B) = P(A) \cdot P(B)$.

A 组

1. 随机事件 A 的概率取值范围是＿＿＿＿＿＿.

2. 必然事件发生的概率是＿＿＿＿＿；不可能事件发生的概率是＿＿＿＿＿.

3. 互斥事件是指＿＿＿＿＿＿＿＿＿＿＿＿＿＿＿＿＿＿＿＿.

4. 互逆事件是指＿＿＿＿＿＿＿＿＿＿＿＿＿＿＿＿＿＿＿＿.

5. 甲、乙两人下棋，甲获胜的概率为 30%，两人下成和棋的概率为 50%，那么甲不输的概率是＿＿＿＿＿.

6. 口袋内装有一些大小相同的红球、白球和黑球，从中摸出 1 个球，摸出红球的概率是 0.42，摸出白球的概率是 0.28，那么摸出黑球的概率是＿＿＿＿＿.

7. 某班级组织学生到养老院参加义工活动，为每位老人发水果，发到最后水果篮子里还有 3 个橘子，5 个苹果，4 个梨，这时一位老人从水果篮中选一个水果，则选中苹果或梨的概率为_____．

8. 某学校对一年级 2 000 名学生做一个关于"是否增加英语口语学习"的问卷调查，70％的学生认为需要增加英语口语课程，10％学生认为不需要，20％的学生表示可有可无，则学生认为英语口语课程不重要的概率为_____．

9. 甲、乙两人练习射击，甲命中靶心的概率为 0.9，乙命中靶心的概率为 0.8，则甲、乙两人都命中靶心的概率为（　　）．

A. 1.7　　　　　　　　B. 0.1　　　　　　　　C. 0.72　　　　　　　　D. 0.28

10. 甲、乙两人练习投篮，甲投篮命中率为 0.7，乙投篮命中率 0.6，则甲、乙两人都未命中的概率为（　　）．

A. 0.3　　　　　　　　B. 0.42　　　　　　　　C. 0.12　　　　　　　　D. 0.6

11. 某电子产品的一等品率为 91％、二等品率为 8％、次品率为 1％，某人买了这种电子产品，求：

(1) 这一电子产品是合格品（一等品或二等品）的概率；

(2) 这一电子产品不是一等品的概率．

12. 某人需去外地出差，他乘汽车、火车、飞机、轮船去的概率分别为 0.2，0.3，0.4，0.1，求：

(1) 他乘火车或乘轮船的概率；

(2) 他不乘飞机的概率．

B 组

1. 从装有 2 个红球和 2 个白球的口袋内任取 2 个球, 互斥而不对立的两个事件是 (　　).

A. 至少有 1 个白球, 都是白球
B. 至少有 1 个白球, 至少有 1 个红球
C. 恰有 1 个白球, 恰有 2 个白球
D. 至少有 1 个白球, 都是红球

2. 某品牌手机的一等品率为 95%, 二等品率为 4.98%, 次品率为 0.02%, 某人买了一台该品牌手机, 这台手机是正品 (一等品或二等品) 的概率为 (　　).

A. 0.99　　　　　　B. 0.998　　　　　　C. 0.999 8　　　　　　D. 0.98

3. 甲袋内有 18 个红球, 12 个白球; 乙袋内有 25 个红球, 5 个白球. 现从 2 个袋内分别摸出 1 个球, 则 2 个球都是红球的概率是 (　　).

A. $\frac{3}{5}$　　　　　　B. $\frac{5}{6}$　　　　　　C. $\frac{1}{2}$　　　　　　D. $\frac{11}{10}$

4. 甲、乙两人射击的命中率都是 0.6, 他们对着目标各自射击一次, 恰有一人击中目标的概率是 (　　).

A. 0.36　　　　　　B. 0.48　　　　　　C. 0.84　　　　　　D. 1

5. 王群有 5 件衬衣, 其中 2 件是白衬衣; 有 3 条领带, 其中只有 1 条是黑领带. 某天晚上停电, 他随意地穿上一件衬衣、系了一条领带出门. 他此时穿白衬衣、系黑领带的概率是 _____.

6. 某射手在一次射击中射中 10 环、9 环、8 环的概率分别为 0.24, 0.28, 0.19. 计算这个射手在一次射击中:

(1) 射中 10 环或 9 环的概率;

(2) 不够 8 环的概率.

7. 某商场为了吸引顾客, 元旦举办了一场酬宾抽奖活动: 购买一定价值的商品可以获得两张抽奖券, 每张可以抽取一次, 且每次的中奖概率都是 0.05. 已知陈女士获得了两张抽奖券, 求:

(1) 抽取两次都中奖的概率;

(2) 只有一次中奖的概率;

(3) 两次都不中奖的概率.

8. 制造一种零件，甲机床的废品率是 0.04，乙机床的废品率是 0.05，从它们制造的产品中各抽取 1 件，其中恰有 1 件废品的概率是多少？

3.4 抽样方法

学习目标

理解总体、个体、样本、样本容量等概念；结合实际问题情境，理解随机抽样的必要性和重要性，会用简单随机抽样方法从总体中抽取样本，收集样本数据，了解系统抽样和分层抽样方法，并能在实际问题中应用.

学习提示

1. **总体与样本**：考察对象的全体叫**总体**，总体中每一个观察对象称为**个体**，从总体中抽取 n 个个体进行观察和试验，这 n 个对象称为来自该总体的一个**样本**，n 为**样本容量**.

2. **简单随机抽样**：进行抽样时，必须满足的条件是总体中的每个个体都有被抽到的可能，每个个体抽到的机会都是相等的. 简单随机抽样的总体中个体的数量是有限的，抽取时应当是逐个不放回的抽取.

3. **系统抽样**：将总体平均分成几个部分，然后按照一定的规则，从每个部分中抽取一个个体作为样本. 系统抽样又称为等距抽样.

4. **分层抽样**：当总体由差异明显的几个部分组成时，为了使样本更客观地反映总体情况，我们将总体中的个体按不同的特点分成层次比较明显的几个部分，然后按各部分在总体中所占的比例实施抽样.

习题 3.4.1

1. 为了解某校初三男生的体重情况，从该校初三 200 名男生中，随机抽取 50 人进行体重测量与分析，在这个问题中，总体是指_____，个体是指_____，样本容量为_____.

2. 简单随机抽样必须满足两个条件：(1)_____；(2)_____.

3. 常用的简单随机抽样方法有_____和_____. 无论采用哪一种方法，在每一次抽取时每个个体都有_____被抽取到.

4. 为了检验某种产品的质量，决定从 1 001 件产品中抽取 10 件进行检查，用随机数表法抽取样本的过程中，所编的号码的位数是_____.

5. 为了解某班同学学科测试的合格率，要从该班 60 名同学中抽取 30 名进行考查分析，则在这次考查的总体中，个体个数为_____，样本容量为_____.

6. 从编号 00～49 的 50 个个体中抽取一个容量为 8 的样本，约定从以下随机数表的第 2 行第 3 列起抽取，则取出的样本中个体的编号分别是_____.

     32 55 10 06 83 81 95 28 00 63 31 31 89 84 09 53

     98 99 95 19 21 62 74 35 17 57 21 85 61 28 31 77

     24 98 00 36 32 72 48 82 58 82 49 74 21 45 37 54

     87 10 61 69 47 15 86 81 52 11 15 99 08 10 44 08

     69 59 61 07 01 15 17 28 08 88 09 44 47 66 25 73

7. 以下关于简单随机抽样的方法，叙述正确的是（　　　）.

A. 要求总体的个数有限　　　　　　　B. 从总体中逐个抽取

C. 它是一种不放回抽样　　　　　　　D. 每个个体被抽到的机会不一样

8. 下列抽取样本方式是否属于简单随机抽样？说明原因.

（1）从无限多个个体中抽取 100 个个体作为样本；

（2）盒子里共有 80 个零件，从中选出 5 个零件进行质量检验，在抽样操作时，从中任意抽出一个零件进行质量检验后再把它放回盒子里.

9. 某班有学生 45 名，用抽签法抽取 8 人参加学校组织的座谈会，写出抽取过程.

10. 某车间工人已加工一种轴 100 件，为了解这种轴的直径加工的精密情况，要从中抽出 10 个进行测量，如何采用简单随机抽样的方法抽取上述样本？

习题 3.4.2

1. 将总体＿＿＿＿＿＿＿＿分成几个部分，然后按照＿＿＿＿＿＿＿＿从每个部分中抽取＿＿＿＿＿＿作为样本，这样的方法称为系统抽样.

2. 在系统抽样中，总体中个体差异不大且总体的容量＿＿＿＿＿＿（较大，较小）.

3. 下列抽样试验中：

A. 从某厂生产的 15 件产品中随机抽取 5 件.

B. 从某厂生产的 2 000 件产品中随机抽取 12 件.

C. 从某厂生产的 2 000 件产品中随机抽取 100 件.

D. 设计某一市场调查，规定在商场门口随机抽取一个人进行询问调查，直到调查到事先规定的调查人数为止.

最适宜用系统抽样法的两个试验是＿＿＿＿＿＿＿＿.

4. 为调查某产品的销售情况，销售部门从下属的 92 家销售连锁店中抽取 30 家了解情况. 若用系统抽样法，则抽样间隔和随机剔除的个数分别为＿＿＿＿＿＿＿＿.

5. 用系统抽样的方法，从个体为 1 003 的总体中抽取一个容量为 50 的样本，在整个抽样过程中每个个体被抽到的可能性是＿＿＿＿＿＿＿＿.

6. 某大型超市为了解顾客对超市服务的满意度，计划从最近一个月的 10 000 名顾客中抽取一部分进行问卷调查. 考虑到效率和代表性，超市决定采用系统抽样方法进行抽样. 假设超市决定抽取 500 名顾客进行问卷调查，请按照系统抽样的方法设计出一个抽样方案，并说明抽样步骤.

7. 采用系统抽样，从 600 个加工零件中抽出 15 个零件进行质量检测，写出抽样过程.

习题 3. 4. 3

1. 当总体由 _____ 的几个部分组成时，为了使 _____ 更客观地反映总体情况，我们常常将总体中的个体按 _____ 分成 _____ 的几个部分，然后按各部分在总体中 _____ 实施抽样，这种抽样方法叫做分层抽样，所分成的各个部分称为"_____"。

2. 分层抽样的步骤：首先，将总体 _____ 分层；其次，计算各层的个体数与 _____ 的比；再次，按各层个体数占 _____ 确定各层应抽取的 _____；最后，在 _____ 进行抽样（可用 _____ 或 _____）。

3. 某单位有 500 名职工，其中不到 35 岁的有 125 人，35～49 岁的有 280 人，50 岁以上的有 95 人，为了解该单位职工身体状况的某项指标，要从中抽取一个容量为 100 的样本，应该用 _____ 抽样方法．

4. 某班有 45 名学生，现采用分层抽样的方法调查学生的身体状况，若每个女生被抽到的概率为 $\frac{1}{5}$，已抽了 3 名女生，则应抽男生 _____ 人．

5. 某物业公司为了了解小区住户对物业服务的满意度，拟开展一次问卷调查，该小区共有住户 600 户，其中业主自住 400 户，租户 200 户，为使用调查结果更有代表性，抽查了业主自住户 50 户，应该抽查租户 _____ 户．

6. 假设你是一名市场调查员，你被委托对一家公司的员工进行一项关于"员工满意度"的调查．该公司有员工 1 000 人，其中设计部门 100 人，生产部门 600 人，销售部门 300 人，假设只能对 100 人进行调查，为了使调查结果更加准确和具有代表性，请你计算出每个部门应该抽取多少员工进行调查．

7. 某批产品中，有一级品 100 个、二级品 60 个、三级品 40 个，分别用系统抽样法和分层抽样法从这批产品中抽取一个容量为 20 的样本，应如何抽取？

3.5 总体分布的估计

学习目标

掌握极差、组距、频率分布表等概念，会画频率分布表、频率分布直方图和频数分布直方图.

学习提示

1. 当总体很大或不便于获得时，可以用样本的频率分布估计总体的频率分布.

2. 制作频率分布表时，样本一般可以分为 8～10 组，其中极差＝样本观察值的最大值－最小值，组距＝$\dfrac{极差}{组数}$.

3. 频率分布直方图的纵轴表示 $\dfrac{频率}{组距}$，这样定义可以使直方图中所有矩形的面积之和为 1，频率分布直方图反映样本的分布规律. 频数分布直方图的纵轴表示频数，频率分布直方图和频数分布直方图都可以清楚地看到数据分布的总体形态.

A 组

1. 当总体_____或_____时，可以用_____分布估计总体的频率分布. 我们把反映_____分布的表格称为频率分布表.

2. 我们用直方图反映_____，这样的_____称为频率分布直方图，简称频率直方图.

3. 对某班 40 名同学的一次数学测试成绩进行统计，如果频率分布表中 80.5～90.5 分的频率是 0.20，那么 40 名同学中数学成绩在 80.5～90.5 分数段的人数是_____.

4. 从存放号码分别为 1，2，…，10 的卡片的盒子中，有放回地取 100 次，每次取一张卡片并记下号码，统计结果见下表.

卡片号码	1	2	3	4	5	6	7	8	9	10
取到的次数	13	8	5	7	6	13	18	10	11	9

则取到号码为奇数的频率是_____.

5. 一个容量为 20 的样本数据，分组后组距与频数如下：（10，20]，2；（20，30]，3；（30，40]，4；（40，50]，5；（50，60]，4；（60，70]，2. 则样本数据在区间（0，40]的频率为_____.

6. 在某次学生考试的成绩中，随机抽取若干名学生的成绩，分组与各组的频数如下：[40，50），8；[50，60），2；[60，70），20；[70，80），22；[80，90），36；[90，100]，12. 估计本次考试的及格率为_____.

7. 某射手在同一条件下射击 30 次，其中 6 环及 6 环以下 2 次，7 环 6 次，8 环 7 次，9

环 10 次，10 环 5 次.

(1) 列出样本的频率分布表；

(2) 画出频率分布直方图；

(3) 根据频率分布直方图，估计总体出现在 8～9 环内的频率是多少？

8. 世界卫生组织指出青少年身体健康状况应该引起大家足够的重视. 某校为了解学生的体能情况，抽取了一个年级的部分学生进行一分钟跳绳次数测试，将所得数据整理后，画出频率分布直方图，如下图所示. 已知图中从左到右前三个小组的频率分别为 0.1，0.3，0.4，第一个小组的频数为 5.

(1) 求第四小组的频率；

(2) 求参加这次测试的学生人数；

(3) 若在 75 次以上（含 75 次）为达标，试估计该年级学生跳绳测试的达标率.

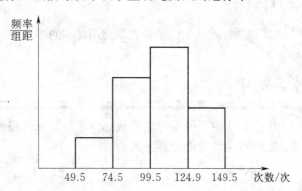

全社会都非常关注青少年的视力问题，某学校对在校的 600 名学生的视力进行了一次检测，从中随机抽取了部分学生的检测结果作为样本（他们的视力都大于 4.0 而小于 5.4），绘制了下面尚未完成的频率分布表.

宽度分组	频数	频率
[4.0, 4.3)	1	0.02
[4.3, 4.6)	2	0.04
[4.6, 4.9)	2	0.04
[4.9, 5.2)		0.42
[5.2, 5.5]	24	

（1）请你补全频率分布表；

（2）若视力不低于 4.9 属于视力正常，该校学生视力不正常的有多少人？

3.6 总体特征值的估计

学习目标

了解总体特征值的估计；学会用样本的平均数、方差（标准差）估计总体的稳定程度.

学习提示

1. 在数学中，通常把能反映总体某种特征的量称为**总体特征值**.

2. 样本**平均数**的计算公式为

$$\bar{x} = \frac{1}{n}(x_1 + x_2 + \cdots + x_n) = \frac{1}{n}\sum_{i=1}^{n} x_i.$$

3. 数据的波动情况通常用**方差**来表示，波动越大，方差越大；波动越小，方差越小. 方差的计算公式为

$$s^2 = \frac{1}{n}\left[(x_1 - \bar{x})^2 + (x_2 - \bar{x})^2 + \cdots + (x_n - \bar{x})^2\right] = \frac{1}{n}\sum_{i=1}^{n}(x_i - \bar{x})^2.$$

s 称为标准差，所以

$$s = \sqrt{\frac{1}{n}\sum_{i=1}^{n}(x_i - \bar{x})^2}.$$

A 组

1. 我们将＿＿＿＿＿＿＿＿＿＿＿＿＿＿＿＿＿＿＿＿称为总体特征值.

2. 一般地，当样本容量为 n 时，设每次抽取的样本为 $(x_1, x_2, \cdots, x_n)$，样本平均数记为 $\bar{x}$，则 $\bar{x} = $＿＿＿＿＿＿＿＿＿＿＿＿＿.

3. 电池厂从某日生产的电池中抽取 10 个进行寿命测试，测得数据如下（单位：h）：30，35，25，25，30，34，26，25，29，21，则该电池的平均寿命估计为＿＿＿＿ h.

4. x_1, x_2, x_3 的平均数是 3，$x_4, x_5, \cdots, x_{10}$ 的平均数是 6，则 $x_1, x_2, \cdots, x_{10}$ 的平均数是＿＿＿＿.

5. 方差刻画了一组数据的＿＿＿＿＿程度.

6. 甲、乙两名射击运动员参加某大型运动会的预选赛，他们分别射击了 5 次，成绩见下表（单位：环）.

甲	10	8	9	9	9
乙	10	10	7	9	9

如果甲、乙两人只能有 1 人入选，则入选的应为＿＿＿＿＿＿＿.

7. 某班共有学生 50 名，其中 30 名男生平均身高 1.62 m，20 名女生平均身高 1.51 m，那么这个班平均身高是多少（精确到 0.01 m）？

8. 甲机床加工直径为 100 mm 的零件，现从产品中随机抽出 6 件进行测量，测得数据如下（单位：mm）：99，100，98，100，100，103，计算上述数据的方差和标准差（精确到 0.1 mm）.

B 组

某同学使用计算器求 30 个数据的平均数时，错将其中一个数据 105 输入为 15，那么由此求出的平均数与实际平均数的差是多少？

3.7 一元线性回归

学习目标

了解一元线性回归分析及其应用.

学习提示

1. 有些变量之间有一定的关系，但又不能准确用函数关系来表达，通常把研究两个变量的相关关系叫做一元线性回归分析.

2. $\hat{y}=a+bx$ 叫做 Y 对 x 的一元线性回归方程，a，b 叫做回归系数.

3. 回归系数的计算公式为

$$\hat{b}=\frac{\sum\limits_{i=1}^{n}x_iy_i-n\bar{x}\,\bar{y}}{\sum\limits_{i=1}^{n}x_i^2-n\bar{x}^2}\ ,\quad \hat{a}=\bar{y}-b\,\bar{x}.$$

A 组

1. 常见的变量关系有两类，一类是具有＿＿＿＿＿关系，是一种＿＿＿＿关系；另一类是变量之间具有＿＿＿＿，但不能完全用＿＿＿＿来表达.

2. 通常把＿＿＿＿＿＿＿＿＿＿＿＿＿＿＿＿＿＿＿叫做一元回归分析.

3. 设有一个线性回归方程 $\hat{y}=2-1.5x$，当自变量 x 增加一个单位时，y 平均减少＿＿＿个单位.

4. 经调查得知，某汽车的销售量 y（单位：辆）与广告费用 x（单位：万元）之间的线性回归方程为 $\hat{y}=250+4x$，当广告费用为 50 万元时，预计汽车销售量为＿＿＿＿辆.

B 组

已知某厂家的销售额 y（单位：万元）与促销费 x（单位：万元）的统计数据见下表.

x	30	25	20	30	40	50
y	470	460	420	460	500	560

（1）求线性回归方程 $\hat{y}=bx+a$ 的回归系数 a，b；

（2）当促销费为 35 万元时，厂家销售额为多少？

复习题

A 组

一、填空题

1. 当掷 2 枚骰子时，用"必然事件""不可能事件""随机事件"填空：
   (1) 所得到的点数和为 1，这个事件为_____；
   (2) 所得到的点数和至少为 2，这个事件为_____；
   (3) 所得到的点数和为 5，这个事件为_____.

2. 若 A，B 为互斥事件，则 $P(A\bigcup B)=$_____；若 A，B 为互逆事件，则 $P(A\bigcup B)=$_____.

3. 某人在打靶中连续射击 2 次，事件"至少有一次中靶"的互斥事件是_____.

4. 根据概率的定义回答下列问题：必然事件的概率 $P(\Omega)=$_____；不可能事件的概率 $P(\emptyset)=$_____；对于一般随机事件 A，则有_____$\leqslant P(A)\leqslant$_____.

5. 抛掷 1 枚骰子，出现 6 点的概率为_____.

6. 从 1～10 这十个正整数中任意取一数，取到质数的概率为_____，取到合数的概率为_____.

7. 某工厂生产某种产品，用传送带将产品送到下一道工序（传送带运转是匀速的），位置固定的质检人员每隔 10 分钟从传送带上取一件检验，这种抽样方法是_____.

8. 某田径队有男、女运动员 98 人，其中男运动员有 56 人，按男、女比例分层抽样的方法，从全体运动员中抽出一个容量为 28 的样本，那么应抽取女运动员人数是_____.

9. 样本有 5 个个体，其值分别为 A，0，1，2，3，若样本的平均值为 1，则样本方差为_____.

10. 某学校共有职工 140 名，其中教师 105 名，管理人员 14 名，后勤职工 21 名，为了解职工对学校管理的意见，从中抽取一个容量为 20 的样本，要用_____抽样方法，抽取的三类人员的人数分别为_____、_____、_____；从教师中抽取人员，应用_____抽样方法.

二、选择题

1. 下面事件中是不可能事件的有（　　）.
   ①在标准大气压下，水加热到 8 ℃时会沸腾；②掷一枚硬币，出现反面；③实数的绝对值不小于 0.
   A. ②　　　　　　B. ①　　　　　　C. ①②　　　　　　D. ③

2. 下面事件中是必然事件的有（　　）.
   ①如果 a，$b\in\mathbf{R}$，那么 $ab=ba$；②某人买彩票中奖；③3+5＞10.
   A. ①　　　　　　B. ②　　　　　　C. ③　　　　　　D. ①②

3. 下面事件中是随机事件的有（　　）.
   ①连续 2 次掷 1 枚硬币，2 次都出现正面朝上；②异性电荷，相互吸引；③在标准大气压下，水在 1 ℃结冰.
   A. ②　　　　　　B. ③　　　　　　C. ①　　　　　　D. ②③

4. 阅览室里摆放了 5 本科技杂志和 7 本文艺杂志，一名中学生从中任取一本阅读，那么他阅读文艺杂志的概率是（　　）.

A. $\dfrac{5}{7}$ 　　　　B. $\dfrac{5}{12}$ 　　　　C. $\dfrac{7}{12}$ 　　　　D. $\dfrac{1}{5}$

5. 口袋中放了 10 张卡片，分别写上数字 1，2，…，10. 一名儿童从中任取一张作为被加数；卡片不放回，儿童再抽一张作为加数. 若在两张卡片中间写上加号，则他列出的式子为 1＋5 的概率是（　　）.

A. $\dfrac{1}{100}$ 　　　　B. $\dfrac{1}{90}$ 　　　　C. $\dfrac{1}{20}$ 　　　　D. $\dfrac{1}{19}$

6. 从一副不包含大小王牌的 52 张扑克牌中任抽一张得到 K 的概率是（　　）.

A. $\dfrac{2}{52}$ 　　　　B. $\dfrac{4}{52}$ 　　　　C. $\dfrac{1}{52}$ 　　　　D. $\dfrac{3}{52}$

7. 任选一个小于 10 的正整数，它恰好是 3 的整数倍的概率是（　　）.

A. 0.3 　　　　B. $\dfrac{1}{3}$ 　　　　C. $\dfrac{2}{9}$ 　　　　D. $\dfrac{4}{9}$

8. 3 张卡片上分别写明数字 1，2，3，把它们任意放成一排，得到 123 的概率是（　　）.

A. $\dfrac{1}{3}$ 　　　　B. $\dfrac{1}{6}$ 　　　　C. $\dfrac{2}{3}$ 　　　　D. $\dfrac{1}{12}$

三、解答题

1. 某班级在甲、乙、丙、丁 4 名学生中安排 2 名学生分别到 2 个车间实习（每人被安排是等可能的）.

（1）共有多少种安排方法？

（2）甲、乙两人都被安排的方法有多少种？

（3）丙、丁两人都被安排的概率是多少？

2. 种植某种树苗，成活率为 90％，现在种植这种树苗 5 棵，则：

(1) 全部成活的概率是多少?

(2) 全部死亡的概率是多少?

(3) 恰好成活 3 棵的概率是多少?

3. 在 10 件产品中，有甲级品 7 件、乙级品 2 件（甲、乙级品都是正品）、次品 1 件，现从中任意取 2 件.

(1) 2 件都是甲级品的概率是多少? 2 件都是乙级品的概率是多少?

(2) 2 件中有 1 件是次品的概率是多少?

(3) 2 件都是正品的概率是多少?

4. 一个容量为 50 的样本，其数据见下表.

分组	10～15	15～20	20～25	25～30	30～35	35～40	40～45
频数	4	5	10	11	9	8	3

(1) 列出样本的频率分布表；

(2) 画出频率分布直方图.

5. 从甲、乙两种玉米苗中各抽 10 株，分别测得它们的株高（单位：cm），数据如下.

甲：25，41，40，37，22，14，19，39，21，42；

乙：27，16，44，27，44，16，40，40，16，40.

(1) 哪种玉米苗长得高?

(2) 哪种玉米苗长得齐?

B 组

1. 有 10 把各不相同的钥匙，其中只有一把能打开某房间的门，由于不知道哪一把是这间房门的钥匙，只好用这些钥匙逐个试开，如果所试的每把钥匙都是从还没有试过的钥匙中任意取出的，试求：

(1) 第 1 次能打开房门的概率；

(2) 第 k 次能打开房门的概率.

2. 从 1，2，3，4，5 中任取三个数组成没有重复数字的三位数. 求下列事件的概率：

(1) 三位数是 5 的倍数；

(2) 三位数是偶数；

(3) 三位数大于 400.

3. 某车间为了规定工时定额，需要确定加工零件所花费的时间，为此进行了 10 次试验，收集数据见下表.

零件数 x/个	10	20	30	40	50	60	70	80	90	100
加工时间 y/分钟	62	68	75	81	89	95	102	108	115	122

(1) 求线性回归方程；

(2) 关于加工零件的个数与加工时间，你能得出什么结论？

测 试 题

总分 100 分，时间 90 分钟

一、选择题（每题 3 分，共 30 分）

1. 下列事件是随机事件的是（　　）.

A. 明天太阳从东方升起　　　　　　　　B. 抛掷一枚均匀硬币，正面朝上

C. 地球围绕太阳公转　　　　　　　　　D. 一个三角形内角和大于 180°

2. 下列关于概率的描述正确的是（　　）.

A. 概率的取值范围是 $[0,1]$　　　　　　B. 不可能事件的概率为 -1

C. 必然事件的概率为 0　　　　　　　　D. 随机事件的概率为 2

3. 如果事件 A 和事件 B 是互斥的，则 $P(A \bigcup B)$ 等于（　　）.

A. $P(A)+P(B)$　　　　　　　　　　　B. $P(A)-P(B)$

C. $P(A) \times P(B)$　　　　　　　　　　D. $1-P(A)-P(B)$

4. 在简单随机抽样中，下列选项不正确的是（　　）.

A. 每个个体被抽中的概率相同　　　　　B. 抽样是无放回的

C. 样本容量可以大于总体容量　　　　　D. 抽样过程中保持随机性

5. 抛一枚质地均匀的骰子两次，两次都是 6 点的概率是（　　）.

A. $\dfrac{1}{3}$　　　　　　B. $\dfrac{1}{6}$　　　　　　C. $\dfrac{1}{12}$　　　　　　D. $\dfrac{1}{36}$

6. 下列用于描述数据的离散程度的统计量的是（　　）.

A. 均值　　　　　B. 众数　　　　　C. 方差　　　　　D. 中位数

7. 已知一组数据的平均数为 5，其中一个数据为 6，若去掉这个数据后，新的平均数将（　　）.

A. 变大　　　　　B. 变小　　　　　C. 不变　　　　　D. 无法确定

8. 一组数据的方差越大，说明这组数据的（　　）.

A. 平均数越大　　　　　　　　　　　　B. 离散程度越大

C. 离散程度越小　　　　　　　　　　　D. 众数越大

9. 在一个包含 100 个样本的频数分布表中，某一组的频数是 25，那么这一组的频率是（　　）.

A. 0.025　　　　　B. 0.25　　　　　C. 25　　　　　D. 100

10. 在一次抽奖活动中，中奖的概率为 0.1，那么不中奖的概率为（　　）.

A. 0.1　　　　　B. 0.9　　　　　C. 1　　　　　D. 无法确定

二、填空题（每题 4 分，共 20 分）

1. 如果事件 A 发生的概率是 0.6，那么事件 A 不发生的概率是_____.

2. 在等可能事件的概率中，若样本空间包含 n 个等可能的基本事件，则每个基本事件

的概率为_____.

3. 系统抽样的特点是按一定的_____从总体中抽取样本.

4. 总体均值的估计值通常是由样本的_____计算得到的.

5. 一元线性回归方程的形式通常为_____.

三、计算题（每题 5 分，共 25 分）

1. 一个盒子里有 5 个红球和 3 个白球，从中随机抽取一个球，求抽到红球的概率.

2. 已知一个班级有 40 名学生，其中 25 名是男生. 现从中随机抽取 5 名学生作为代表，求至少有一名女生被抽中的概率.

3. 某大型图书馆有图书 20 000 册，现采用等距抽样方法从中抽取一个容量为 n 的样本进行内容分析. 若抽样间隔为 100，且第一个被抽中的图书的编号为 30，那么样本容量 n 为多少？

4. 某高中有在校学生 1 500 人，现采用分层抽样的方法抽取一个容量为 75 的样本进行心理健康调查. 已知高一学生有 400 人，高二学生有 500 人，高三学生有 600 人，求样本中三个年级的学生数量.

5. 给定一组数据：2，4，5，6，8，求这组数据的平均值和方差.

四、解答题（每题 5 分，共 25 分）

1. 某校学生在参加技能比赛时，有个人赛和团队赛两种比赛方式可以选择．选择个人赛的概率为 40％，选择团队赛的概率为 60％．如果随机抽取三名学生，求：

（1）这三名学生都选择团队赛的概率；

（2）这三名学生中至少有一名学生选择团队赛的概率．

2. 假设有两个独立的袋子，第一个袋子中有 5 个红球和 3 个蓝球，第二个袋子中有 4 个红球和 4 个蓝球．现在从两个袋子中分别随机抽取一个球，求抽到的两个球颜色相同的概率．

3. 某技术难题甲团队能解决的概率为 0.8，乙团队能解决的概率为 0.6，现安排两团队各自独立进行求解，则该技术难题能被解决的概率是多少?

4. 某校对学生的技能考核成绩进行了统计，得到了以下数据：成绩在 60 分以下的有 10 人，60～69 分的有 20 人，70～79 分的有 30 人，80～89 分的有 25 人，90 分以上的有 15 人. 请绘制频率分布直方图，并描述成绩分布情况.

5. 某餐厅记录了其每日的客流量与营业额，得到以下数据.

客流量/人	50	100	150	200
营业额/元	2 000	4 000	6 000	8 000

（1）根据样本数据，求一元线性回归方程；
（2）预测客流量为 250 人时的营业额。

第4章

数据表格信息处理

4.1 数据表格、数组

学习目标

理解数据表格和数组的概念；能根据提供的数据制作数据表格；能正确表达数据表格中的数组.

学习提示

1. 数据表格也叫表，是由纵向的列和横向的行所围成的格子组成，每个格子中都包含了文字、数字、字母等信息，表格中的格子叫单元格. 表格通常由表号、表题、表头、表身组成.

2. 表格中，每个栏目下一组依次排列的数据叫做数组.

3. 数组中的每一个数据叫做数组的元素.

4. 数组分为文字数组（字符串数组）、数字数组、混合数组.

A 组

1. 表格通常由_____、_____、_____和表身组成.

2. 表格中，每一个栏目下一组依次排列的_____叫做数组，用_____表示.

3. 数组分为_____数组、_____数组和_____数组三类.

4. 数据表格中的格子叫做_____.

5. 某小区电气工程部分材料报价如下：主干电源线 4 400 米，价格 10.00 元/米；接地电源线 200 米，价格 5.00 元/米；室内控制箱 31 个，价格 210.00 元/个；室外控制箱 2 个，价格 280.00 元/个；空气开关（16 A）33 个，价格 32.00 元/个；空气开关（10 A）66 个，价格 19.00 元/个；导轨式插座 33 个，价格 8.00 元/个；导轨 17 米，价格 3.00 元/米；接线端子排 33 个，价格 15.00 元/个；地排 33 个，价格 8.00 元/个；开关电源 51 个，价格 92.00 元/个；接线端子 51 个，价格 16.00 元/个；平面图 33 张，价格 50.00 元/张. 试制作电气工程材料报价表.

6. 下表记录了某市优秀教师评选活动中部分参评教师的基本情况和评选项目.

姓名	基本情况				评选项目		
	性别	出生年月	教龄	学科	笔试成绩	论文著作	课堂教学成绩
孟建设	男	1975.4	13	数学	93	50	88
李文斌	男	1981.5	6	英语	71	20	90
张芳	女	1977.4	11	语文	76	35	91
江冶	男	1977.8	10	电工	95	45	83
王小梅	女	1976.1	16	物流	61	50	80
张萍	女	1977.1	11	财会	94	70	85
孙雯	女	1975.4	13	导游	47	35	74

（1）写出两个文字数组和两个数字数组；

（2）写出反映表中某教师基本情况和评选项目的数组，并说明它们是什么数组.

7. 制作指数函数 $y=2^x$（当 $x=-3$，-2，-1，0，1，2，3 时）的函数值表.

B 组

1. 写出 A 组第 6 题中专业课教师的"笔试成绩"数组和文化课教师的"课堂教学成绩"数组.

2. 查询最近五天的气候，包括最高气温、最低气温、湿度、天气情况（如晴、小雨等），并制作数据表格.

3. 调查本班同学的情况，用姓名、籍贯、年龄、身高、视力（左、右）为表头制作 5 名同学的信息数据表格.

4.2 数组的运算

学习目标

掌握数组的运算法则；会进行数字数组的加法、减法、数乘运算；会求数字数组的内积；会根据数据表格的要求进行相关的数组运算.

学习提示

1. 数组的加法：
$$\boldsymbol{a}+\boldsymbol{b} = (a_1, a_2, a_3, \cdots, a_n) + (b_1, b_2, b_3, \cdots, b_n)$$
$$= (a_1+b_1, a_2+b_2, a_3+b_3, \cdots, a_n+b_n).$$

2. 数组的减法：
$$\boldsymbol{a}-\boldsymbol{b} = (a_1, a_2, a_3, \cdots, a_n) - (b_1, b_2, b_3, \cdots, b_n)$$
$$= (a_1-b_1, a_2-b_2, a_3-b_3, \cdots, a_n-b_n).$$

3. 数组的数乘运算：
$$k\boldsymbol{a} = k(a_1, a_2, a_3, \cdots, a_n) = (k a_1, k a_2, k a_3, \cdots, k a_n).$$

4. 数组的内积：
$$\boldsymbol{a} \cdot \boldsymbol{b} = (a_1, a_2, a_3, \cdots, a_n) \cdot (b_1, b_2, b_3, \cdots, b_n)$$
$$= a_1b_1 + a_2b_2 + a_3b_3 + \cdots + a_nb_n.$$

5. 数组的运算律：

(1) $a+0=a$，$a+(-a)=0$；

(2) 结合律：$(a+b)+c=a+(b+c)$，$\lambda(\mu a)=(\lambda\mu)a=\mu(\lambda a)$，$\lambda(a\cdot b)=(\lambda a)\cdot b=a\cdot(\lambda b)$；

(3) 交换律：$a+b=b+a$，$a\cdot b=b\cdot a$；

(4) 分配律：$(\lambda+\mu)a=\lambda a+\mu a$，$\lambda(a+b)=\lambda a+\lambda b$，$(a+b)\cdot c=a\cdot c+b\cdot c$.

A 组

1. 已知 $a=(1,-1,3)$，$b=(-1,2,1)$，$c=(-2,1,0)$，求：

(1) $a+b+c$；

(2) $a\cdot(b-c)$；

(3) $a+2b-c$；

(4) $a-\dfrac{1}{3}b-\dfrac{1}{4}c$.

2. 设 $a=(\sin 15°,\cos 15°)$，求 $a\cdot a$.

3. 已知数组 $a=(3,2,7)$，$b=(1,-3,5)$.

(1) 求 $a\cdot b$；

(2) 设数组 $c=(1,2,x)$，且 $a\cdot c=0$，求 x 的值.

4. 某餐厅提供了三种套餐，每种套餐的售价分别存储在数组 $a = (50，60，70)$ 中. 如果每种套餐都卖出了 10 份，请计算餐厅的总销售额.

5. 某购物中心鞋帽柜组、家电柜组和床上用品柜组 2024 年 4 月 20 日的销售额情况见下表.

元

柜组	本月计划	上、中旬累计	下旬预计	全月预计	下旬必保日销售额
鞋帽柜组	37 000	23 350	12 140		
家电柜组	86 000	57 540	29 040		
床上用品柜组	54 000	31 120	17 850		

(1) 求三个柜组全月预计完成的销售额；

(2) 若要完成本月销售计划，下旬必须完成的日销售额是多少？比上、中旬的平均日销售额增加多少？

6. 运用数组的运算法则，求下表中空白单元格内的数值.

商品名称	销售额/千元	成本/千元	利润/千元	利润率/%
甲商品	910			
乙商品	850	595	255	42.9
丙商品		1 190		
丁商品	2 150	1 780	370	20.8
合计	5 440	4 229	1 212	

7. 某班计划举行茶话会，同学们用班费购买了以下物品：香蕉 10 斤，单价 3 元/斤；桔子 20 斤，单价 4 元/斤，打 9 折；小零食 50 件，单价 2 元/件，打 8 折. 回答下列问题：

(1) 制作表格，表中需显示物品名称、数量、单位、单价、折扣率；

(2) 计算需要支付的金额.

B 组

1. 设数组 $x=(x_1, x_2)$，$a=(1, -1)$，$b=(2, 4)$，且 $x \cdot a=0$，$x \cdot b=2$，求 x.

2. 已知数组 $a=(-1, 3, x)$，$b=(y, 2, 3)$，$c=(0, z, 5)$，若 $2a+b=c$，求 x，y，z 的值.

3. 运用数组的运算法则，求下表中空白单元格内的数值.

商品名称	额定销售金额/万元	实际销售金额/万元	实际与额定的差异	
			金额/万元	百分比/%
甲	430	412	−18	−4.19
乙		269		
丙	116	121	5	4.31
丁	64			
平均数	216.75	213.25	−3.5	−1.61

4. 某职业学校数控专业有3个班，每班人数和期末数学考试及格人数见下表，请计算并将表格补充完整.

班级	班级人数	数学考试及格人数	及格率/%
1班	52	45	
2班	43	26	
3班	46	43	
合计			

4.3　数据的图示

学习目标

　　认识数据的图示作用；掌握制作饼图、直方图、折线图的方法和步骤；能根据图示对数据所反映的信息做简要评述.

学习提示

　　1. **饼图**：直观地反映个体与总体的比例关系，形象地显示个体在总体中所占的比例.

　　2. **直方图**：通过矩形的高低，形象地显示同类事物之间的数量、频数差异.

　　3. **折线图**：显示数据随时间变化的特征.

　　A 组

　　1. 数据的图示主要有_____、_____和_____等.

　　2. 饼图能够直观地反映个体与总体的_____关系，它是将_____作为总体，通过_____的大小来反映某个数据或某个项目在总体中所占的比例.

　　3. 绘制饼图的关键是求出_____及其对应的_____.

　　4. 直方图是通过矩形的高低，形象地显示_____事物之间的_____、_____差异.

　　5. 绘制直方图的关键是根据数据设置合理的_____，求出每个数据所对应的矩形的_____. 一般用横轴表示数据类型，用纵轴表示_____的数值.

　　6. 折线图是用_____依次连接坐标系中的数据所表示的点而形成的折线. 一般用横轴表示_____、_____等变量，用纵轴表示_____、_____等变量.

7. 2018 年，我国全年粮食产量为 65 789 万吨. 其中，夏粮产量为 13 878 万吨，早稻产量为 2 859 万吨，秋粮产量为 49 052 万吨. 试制作饼图，并在图上显示产量与比例.

8. 我国 2018 年主要河流实测年输沙量见下表，按表中的数据制作饼图，并依据图表对各主要河流的年输沙量做简要评述.

河流	长江	黄河	淮河	海河	珠江	松花江	辽河
年输沙量/万吨	8 310	37 300	373	20.8	1 010	1 160	50.9

9. 下图是我国 2018 年至 2022 年消费者物价指数涨跌情况折线图，根据图中数据制作数据表格.

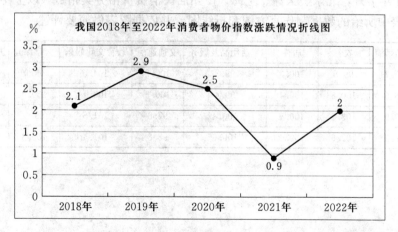

10. 下图是我国 2018 年至 2022 年人均用水量直方图，根据图中数据制作数据表格.

我国2018年至2022年人均用水量直方图

立方米/人

2018年	2019年	2020年	2021年	2022年
3 693.1	3 682.3	3 612.4	3 644.3	3 781.3

11. 2024 年 7 月，北京、天津、上海、广州居民消费价格分类指数（以上年同期为 100）见下表，按表中所给的数据制作直方图和折线图，并依据图表做简要评述.

城市	食品烟酒	衣着	居住	生活用品及服务	交通通信	教育文化娱乐	医疗保健	其他用品及服务
北京	97.7	99.8	100.3	99.8	100.2	104.0	99.9	104.8
天津	98.5	100.8	100.4	99.4	100.5	103.1	100.6	104.0
上海	99.9	103.8	100.4	100.4	97.6	101.5	99.2	104.9
广州	99.9	102.6	100.0	100.6	98.8	101.4	100.3	101.0

12. 下图是我国 2022 年三个年龄段的人口数占全国总人口数的比例.

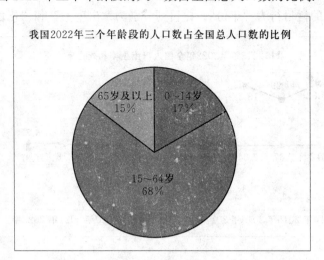

我国2022年三个年龄段的人口数占全国总人口数的比例

(1) 若 2022 年我国总人口数为 141 175 万人，求这三个年龄段的人口数；

(2) 制作数据表，表中要包括这三个年龄段的人口数和比例.

B 组

1. 下表是我国七条主要河流的流域面积和长度，试根据表中的信息作图.

名称	流域面积/平方千米	长度/千米
长江	1 808 500	6 300
黄河	752 443	5 464
松花江	557 180	2 308
辽河	228 960	1 390
珠江	453 690	2 214
海河	263 631	1 090
淮河	269 283	1 000

2. 下图反映了我国 2013 年至 2022 年全国人口出生率和死亡率的信息, 试根据该图示制作数据表格, 表格的栏目行为 "年份", 栏目列分别为 "出生率" 和 "死亡率".

3. 我国 2023 年粮食产量 69 541 万吨, 比上年增加 888 万吨. 其中, 夏粮产量 14 615 万吨, 减产 0.8%; 早稻产量 2 834 万吨, 增产 0.8%; 秋粮产量 52 092 万吨, 增产 1.9%. 试分别制作饼图, 并在图上显示我国 2022 年和 2023 年夏粮、早稻、秋粮的产量和占总产量的比例.

4. 我国 2017 年至 2022 年国内生产总值分别为 8 320 359 亿元、9 192 811 亿元、9 865 152 亿元、10 135 670 亿元、11 492 370 亿元、12 047 240 亿元, 同比上年的增长率分别是 11.5%、10.5%、7.3%、2.7%、13.4%、4.8%, 分别制作生产总值直方图和年增长率折线图, 并做简要评述.

5. 根据下图制作数据表格, 表格的栏目行为"年份", 栏目列分别为"私人汽车拥有量"和"年增长率".

2018年至2022年我国私人汽车拥有量和年增长率

实 践 活 动

统计本班同学的数学期中考试成绩, 并求出考试成绩在 60 分以下、60~69 分、70~79 分、80~89 分、90~100 分共 5 个分数段内的学生人数, 以学生分数段为横轴、学生人数为纵轴制作直方图, 并分析考试成绩分布是否合理.

制作分数段统计表格:

根据上表制作直方图:

考试成绩分析:

4.4 散点图及其数据拟合

学习目标

会制作散点图，能运用 Excel 进行数据拟合.

学习提示

1. **散点图**：以圆点的大小和同样大小圆点的多少或疏密表示统计对象的数量及其变化趋势的图.

2. **数据拟合**就是通过数据来研究变量之间存在的相互关系，并给出近似的数学表达式的一种方法.

3. 数据拟合时，回归方程中的 R^2 值越接近 1，则拟合效果越好.

A 组

1. 散点图又称点图，它是以圆点的大小和同样大小圆点的多少或疏密来表示统计对象的_____及其_____的图.

2. 在 Excel 中给出的函数拟合模型共有_____种，分别是_____、_____、_____、_____、_____、_____.

3. 在进行数据拟合时，显示的 R^2 值越接近_____，则拟合效果越好.

B 组

1. 为发展教育事业，我国经费投入逐年增加，2016 年至 2022 年，我国每年投入的教育经费见下表. 试根据表中提供的数据建立函数模型，并估算 2030 年我国投入的教育经费.

年份	2016 年	2017 年	2018 年	2019 年	2020 年	2021 年	2022 年
投入经费/亿元	38 888	42 562	46 142	50 178	53 033	57 873	61 329

2. 2015 年至 2021 年，我国民用汽车拥有量见下表，试根据表中提供的数据，估计 2022 年全国民用汽车拥有辆.

年份	2015 年	2016 年	2017 年	2018 年	2019 年	2020 年	2021 年
拥有量/万辆	16 284.45	18 574.54	20 906.67	23 231.23	25 376.38	27 340.92	29 418.59

4.5　用 Excel 处理数据表格

学习目标

会用 Excel 制作表格，并进行数据表格的数组运算；会用 Excel 绘制饼图、直方图、折线图.

学习提示

1. 制作表格的步骤：新建 Excel 工作簿后，输入数据，修饰表格，保存工作簿，完成工作簿创建.

2. Excel 表中的数组加法、减法、乘法、除法等运算，可以通过在单元格输入"＝"开头的公式进行计算.

A 组

1. 制作 Excel 数据表格的主要步骤是_____、_____、_____、_____.

2. 我国主要河流的基本情况见下表，试制作 Excel 表，并在表中分别填入流域面积、河长、年径流量的总计.

名称	流域面积/平方千米	河长/千米	年径流量/亿立方米
长江	1 782 715	6 300	9 857
黄河	752 773	5 464	592
松花江	561 222	2 308	818
辽河	221 097	1 390	137
珠江	442 527	2 214	3 381
海河	265 511	1 090	163
淮河	268 957	1 000	595
总计			

3. 根据下表提供的数据建立 Excel 表，并分别求出表中各产业 2021 年产值.

产业	2022 年产值/亿元	2021—2022 年年增长率/%
第一产业	88 345	5.8
第二产业	483 164	6.5
第三产业	638 698	3.8
国内生产总值	1 210 207	5.3

4. 2017 年至 2022 年，我国高铁运营里程分别为 2.5 万千米、3 万千米、3.5 万千米、3.8 万千米、4 万千米、4.2 万千米.

（1）用 Excel 制作 "2017 年至 2022 年我国运营里程和年增长率" 表；

（2）若至 2016 年年底我国高铁运营里程为 2.3 万千米，求 2017 年至 2022 年我国高铁运营里程的年增长率.

5. 根据下表提供的数据建立 Excel 表，并分别求出 2020 年至 2022 年的"原煤""原油""天然气""一次电力及其他能源"的产量.

年份	一次能源生产总量/万吨标准煤	占一次能源生产总量的比重/%			
		原煤	原油	天然气	一次电力及其他能源
2020 年	407 295	67.5	6.8	6.0	19.7
2021 年	427 115	66.7	6.7	6.0	20.6
2022 年	466 000	67.4	6.3	5.9	20.4

6. 下表是 2022 年我国亿元以上商品交易市场摊位分类情况，试建立 Excel 表并求出每种分类的摊位平均成交额.

类别	摊位数/个	成交额/亿元
粮油、食品类	794 161	34 227.5
饮料类	36 412	1 161.3
烟酒类	23 764	882.4
服装类	401 173	6 425.5

B 组

根据下表提供的数据建立 Excel 表，并求：

（1）六种主要农产品 2021 年的人均产量；

（2）2020—2021 年六种主要农产品的年增长率；

（3）分别计算 2020—2022 年每年的人均主要农产品产量的总和.

主要农产品分类	2020 年产量/千克	2021 年产量/千克	2022 年产量/千克	2020－2021 年增长率/％	2021－2022 年增长率/％
粮食	474		486		0.6
棉花	4.2		4.2		2.4
油料	25.4		25.9		1.2
猪牛羊禽肉	37.4		48		4.1
水产品	46.4		48.6		2.5
牛奶	24.4		27.8		6.5
总计				—	—

复习题

A 组

一、填空题

1. 数据表格是汇总、表达各种信息的重要形式，每个单元格中都可以反映_____、_____、_____等信息.

2. 数组有文字数组、数学数组、混合数组三种形式. 数组中元素的_____叫做数组的维数.

3. 数组进行加、减、内积运算时，必须_____相等，数组的内积运算所得的结果为_____.

4. 数组进行加、减、数乘运算时，所得的结果仍是数组，且_____不变.

5. 已知数组 $a＝(10，3，－5)$，$b＝(－10，8，9)$，则：

(1) $a＋b＝$_____；

(2) $a－b＝$_____；

(3) $2a＋b＝$_____；

(4) $3a \cdot b＝$_____．

二、解答题

1. 下面的饼图反映了我国 2022 年营业性货物运输量的构成，试将图中所反映的数据信息填入表格中.

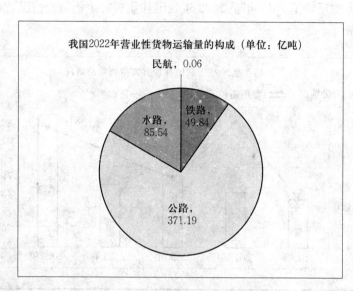

我国2022年营业性货物运输量的构成（单位：亿吨）

项目	货运量总计	铁路	公路	水路	民航	管道
货运量/亿吨						
比重/%						

2. 下面的折线图反映了某地全年降水量，根据图中提供的数据信息完成表格.

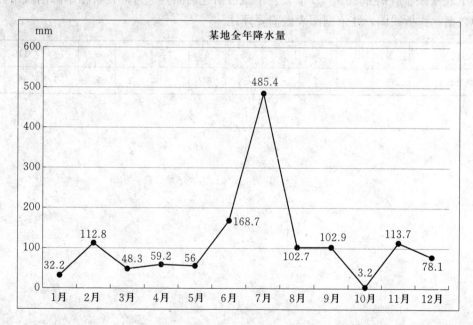

某地全年降水量

月份	1月	2月	3月	4月	5月	6月	7月	8月	9月	10月	11月	12月	全年
降水量/mm													

3. 下面的直方图反映了 2018 年至 2022 年我国林业有害生物防治情况，根据图中提供的数据信息完成表格.

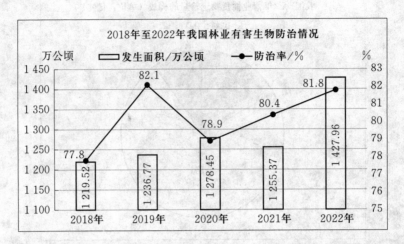

年份	2018 年	2019 年	2020 年	2021 年	2022 年
发生面积/万公顷					
防治率/%					

4. 下表反映了我国 2023 年 70 个大、中城市新建商品住宅月环比价格下降的城市数，根据表中数据制作折线图，并依据图表做简要评述.

月份	1	2	3	4	5	6	7	8	9	10	11	12
城市数	56	59	57	64	68	64	49	52	54	56	59	62

5. 下表反映了我国 2022 年城市和农村居民消费价格同比上年的涨跌幅度情况，根据表中数据制作直方图，并依据图表做简要评述.

%

项目	全国	城市	农村
食品烟酒	2.4	2.6	2.1
衣着	0.5	0.6	0.3
居住	0.7	0.5	1.3
生活用品及服务	1.2	1.2	1.0
交通通信	5.2	5.2	5.0
教育文化娱乐	1.8	1.9	1.7
医疗保健	0.6	0.6	0.8
其他用品及服务	1.6	1.5	2.0

6. 某饭店烹调名菜"珠圆玉润"的原料成本如下：新鲜河虾仁用量 250 克，价格 0.100 元/克；熟肥膘用量 100 克，价格 0.008 元/克；新鲜马蹄用量 100 克，价格 0.004 元/克；蛋清用量 100 克，价格 0.006 元/克；番茄酱用量 25 克，价格 0.016 元/克；生粉用量 15 克，价格 0.600 元/克；油、盐等调料，共 3.7 元.

（1）制作"珠圆玉润"原料成本表；

（2）求出"珠圆玉润"的原料成本；

（3）若利润率为 55%，求出"珠圆玉润"的定价.

7. 下表反映了我国 2000 年、2005 年、2010 年、2015 年、2020 年男性和女性的平均预期寿命.

岁

年份	2000 年	2005 年	2010 年	2015 年	2020 年
男性	69.63	70.83	72.38	73.64	75.37
女性	73.33	75.25	77.37	79.43	80.88

(1) 试根据图中给出的数据，用 Excel 进行数据拟合，找出拟合度最好的函数关系式；

(2) 根据拟合的函数关系，预测 2030 年我国男性、女性的平均预期寿命.

8. 2023 年某地区粮食种植面积 11 057 万公顷，比上年增加 70 万公顷；棉花种植面积 504 万公顷，增加 19 万公顷；油料种植面积 1 379 万公顷，减少 10 万公顷；糖料种植面积 195 万公顷，增加 4 万公顷.

(1) 制作该地区 2022 年、2023 年粮食种植面积 Excel 数据表；

(2) 用 Excel 求该地区 2022 年粮食、棉花、油料和糖料的种植面积；

(3) 用数组的加法运算求 2022 年、2023 年该地区粮食、棉花、油料、糖料的种植总面积；

(4) 分别制作 2022 年、2023 年该地区粮食、棉花、油料、糖料的种植总面积饼图.

B 组

一、填空题

1. 组成数据表格的 6 个要素是_____、_____、_____、_____、_____和_____.

2. 每一个栏目下有一组依次排列的数据叫做_____；数组中元素的_____叫做数组维数.

3. 数据的图示主要有_____、_____、_____. 标题、刻度、图例和主体是它们的_____.

4. 用 Excel 对表格中的数据进行加、减、乘、除运算时，在工作簿的工具栏中输入的运算公式应符合_____法则.

5. 已知数组 $a=(1，3，2，-5)$，$b=(-2，7，-4，9)$，则：

(1) $2a+b=$_____；

(2) $a \cdot (a+3b)=$_____.

二、解答题

1. 2023 年 1 月至 6 月，汇民商场、某家电销售中心、友谊商场共销售空调 2 399 台.

台

月份	1月	2月	3月	4月	5月	6月
汇民商场	130	200	76	50	70	180
某家电销售中心	215	250		75	100	195
友谊商场	152		96	80		170
合计	497	600	292		260	545

(1) 在上表的空白单元格中填入合适的数据，完成表格；

(2) 汇民商场 1 月至 6 月的销售量数组为_____；

(3) 友谊商场第二季度的销售量数组为_____；

(4) 三个商场第一季度的销售量数组为_____.

2. 下面饼图反映了我国 2022 年底运输线路长度，根据图中信息完成表格.

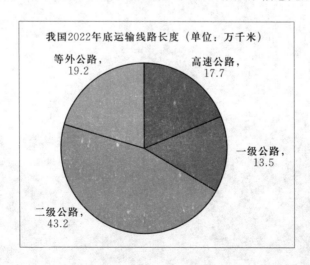

我国2022年底运输线路长度（单位：万千米）
等外公路，19.2
高速公路，17.7
一级公路，13.5
二级公路，43.2

总里程数	高速公路		一级公路		二级公路		等外公路	
	里程数/ 万千米	比重/%	里程数/ 万千米	比重/%	里程数/ 万千米	比重/%	里程数/ 万千米	比重/%

3. 下面的直方图反映了某城市 2022 年与 2023 年一季度用工需求的各性别要求人数，根据图中数据制作数据表格.

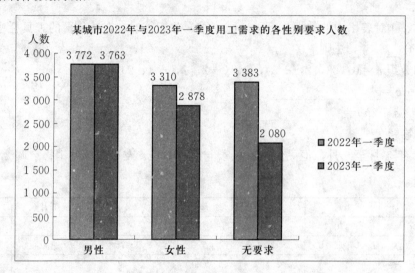

4. 下图反映了 2017 年至 2022 年我国技工学校在校生人数及其增长速度，试根据图中的数据制作表格.

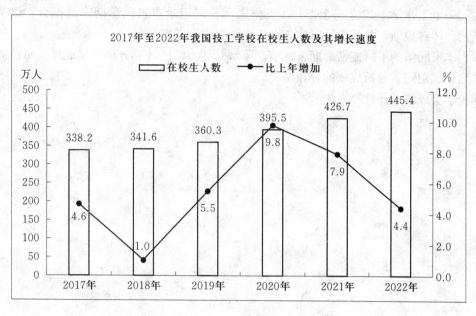

5. 2022 年我国旅客运输总量达 55.9 亿人次，比上年减少 32.7%. 其中，铁路旅客运输量 16.7 亿人次，比上年减少 36%；公路旅客运输量 35.5 亿人次，比上年减少 30.3%；水路旅客运输量 11.6 亿人次，比上年减少 28.8%；民航旅客运输量 25.1 亿人次，比上年减少 43.1%.

（1）制作 2021 年和 2022 年我国旅客运输量 Excel 数据表；

（2）求 2021 年铁路、公路、水路、民航旅客运输量及其运输总量.

实 践 活 动

在同一个工作簿中建立 5 个 Excel 工作表，分别记录本班同学期末的德育、语文、数学、英语、体育成绩，并按学科对这 5 个 Excel 工作表进行命名.

根据本班同学的平时成绩、期末成绩，了解总评成绩的计算方法，据此计算每位同学的总评成绩，试用图表分析成绩的分布情况.

学校学生成绩总评计算方法：

分析全班学生成绩情况：

测 试 题

总分 100 分，时间 90 分钟

一、选择题（每题 2 分，共 20 分）

1. 数组 a =（60，80，56，100，90）是（　　）数组.
A. 文字　　　　　　　　　　　　　　B. 数字
C. 字符串　　　　　　　　　　　　　D. 混合

2. 数组 a =（-1，1，2），b =（0，-2，1），则 $a+b$ =（　　）.
A. （-1，-1，3）　　　　　　　　　B. （0，-2，2）
C. （-1，1，3）　　　　　　　　　　D. （0，-1，2）

3. 数组 a =（-1，1，2），b =（0，-2，1），则 $a-b$ =（　　）.
A. （-1，-3，1）　　　　　　　　　B. （0，2，1）
C. （-1，3，1）　　　　　　　　　　D. （0，3，1）

4. 数组 a =（0，1，2），b =（-1，2，0），则 $5a+b$ =（　　）.
A. （-1，7，2）　　　　　　　　　　B. （2，7，2）
C. （-1，5，10）　　　　　　　　　D. （-1，7，10）

5. 数组 a =（-1，3，5），b =（0，-1，1），则 $a \cdot b$ =（　　）.
A. 2　　　　　　　　　　　　　　　　B. -1
C. -3　　　　　　　　　　　　　　　D. 4

6. （　　）显示数据随时间变化的趋势.
A. 饼图　　　　　　　　　　　　　　B. 直方图
C. 散点图　　　　　　　　　　　　　D. 折线图

7. （　　）形象地显示个体在总体中所占的比例.
A. 饼图　　　　　　　　　　　　　　B. 直方图
C. 散点图　　　　　　　　　　　　　D. 折线图

8. 下面图示是（　　）.

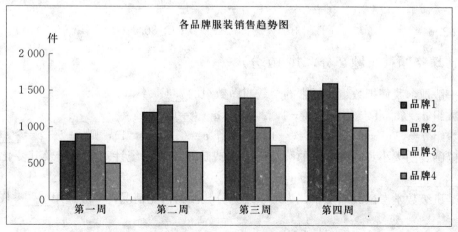

A. 饼图   B. 直方图   C. 散点图   D. 折线图

9. 下图中，我国 2022 年的物价指数是（   ）.

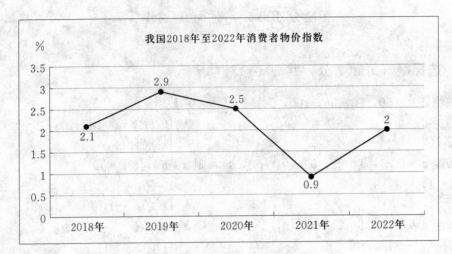

A. 0.9   B. 2   C. 2.1   D. 2.5

10. 如下图所示，计算我国 2022 年底运输线路的总长度是（   ）.

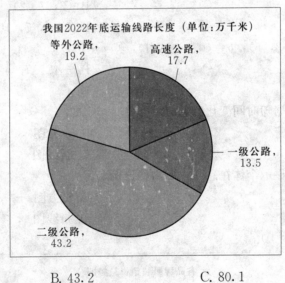

A. 93.6   B. 43.2   C. 80.1   D. 100.6

二、填空题（每题 2 分，共 10 分）

1. 一般地，我们把数组中元素的个数叫做数组的_____.

2. 数组 $a=(0, 1, x)$，$b=(-1, 2, 1)$，$a \cdot b=0$，则 $x=$_____.

3. 数组 $a=(1, -1, 0)$，$b=(-1, 2, 1)$，$c=(-1, 0, 1)$，则 $a+b+c=$_____.

4. 以圆点的大小和同样大小的圆点的多少或疏密来表示统计对象数量及其变化趋势的图叫做_____.

5. 某班级数学考试成绩发布，为了呈现各分数段的占比情况，一般选用_____图.

三、计算题（每题 8 分，共 40 分）

1. 已知数组 $a=(1，-3，4)$，$b=(-1，1，0)$，求 $2a-b$.

2. 已知数组 $a=(1，-3，x)$，$b=(-1，y，0)$，$c=(z，3，5)$，且 $2a+b=c$，求 x，y，z 的值.

3. 已知数组 $a=(1，-3，10)$，$b=(-1，5，4)$，求 $a \cdot b$.

4. 运用数组的运算法则，求下表中空白单元格内的数值.

商品名称	销售额/千元	成本/千元	利润/千元	利润率/%
A	870	530	340	
B	2 000			33.3
C		1 400		
D	800	600	200	33.3
合计	5 470	4 030		

5. 以下是某专业三个班级的班级人数和期末数学考试及格人数，请计算并填写表中空白单元格内的数值.

班级	班级人数	期末数学考试及格人数	及格率%
1 班	40	36	
2 班	35	30	
3 班	36	28	
合计			

四、解答题（每题 10 分，共 30 分）

1. 下面的折线图反映了我国 2016 年至 2022 年进出口商品价格增长率情况，请根据图中提供的信息完成表格.

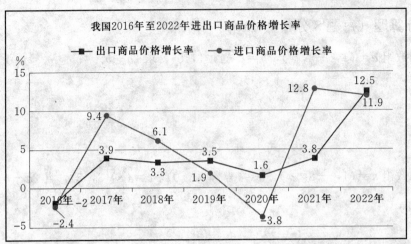

我国2016年至2022年进出口商品价格增长率

年份	2016 年	2017 年	2018 年	2019 年	2020 年	2021 年	2022 年
出口商品价格增长率/%							
进口商品价格增长率/%							

2. 下图是我国 2018 年至 2022 年外汇储备直方图，根据图中数据制作数据表格.

我国2018年至2022年外汇储备

3. 某班的期末考试数学成绩如下：90～100 分，6 人；80～89 分，10 人；70～79 分，12 人；60～69 分，13 人；60 分以下，4 人.

（1）制作分数段统计表格；

（2）制作各分数段直方图；

（3）制作各分数段占比饼图.

第5章

算法初步

5.1 算法的含义

学习目标

能叙述算法的含义，体会算法的思想；能根据算法求出最后的结果；能根据要求写出算法或补全算法过程.

学习提示

算法的特征如下.

(1) 明确性：算法的每一步执行什么是明确的；

(2) 顺序性：算法的"前一步"是"后一步"的前提，"后一步"是"前一步"的继续；

(3) 有限性：算法必须在有限步内完成任务，不能无限制持续进行；

(4) 通用性：算法应能解决某一类问题.

A 组

1. 对一类问题的_____、_____求解方法称为算法.

2. 算法是指使用一系列运算规则并在_____内求解某类问题，其中的每条规则必须是_____、_____的.

3. 算法从初始步骤开始，每一个步骤只能有_____的后继步骤，从而组成一个步骤序列，序列的终止表示_____或_____.

4. 下面给出了一个计算圆的面积的算法.

第一步：$R=5$；

第二步：计算 $S=\pi R^2$；

第三步：输出结果 S.

则 $S=$_____.

5. 下面给出了一个计算三角形的面积的算法.

第一步：取 $a=3$，$h=6$；

第二步：计算 $S=\dfrac{1}{2}ah$；

第三步：输出结果 S.

则 $S=$_____.

6. 补全下面求方程 $x^2-4x-12=0$ 的解的算法过程.

第一步：$(x-2)^2-16=0$；

第二步：$(x-2)^2=16$；

第三步：_____；

第四步：$x=-2$ 或 $x=6$.

7. 对于求 18 的所有正因数，给出下面两种算法.

算法 1 分别对 1，2，3，…，18 逐一进行检验.

第一步：1 是 18 的正因数，将 1 列出；

第二步：2 是 18 的正因数，将 2 列出；

第三步：3 是 18 的正因数，将 3 列出；

第四步：4 不是 18 的正因数，将 4 剔除；

……

第十八步：18 是 18 的正因数，将 18 列出.

算法 2 对 18 进行因数分解.

第一步：$18=2\times9$；

第二步：$18=2\times3^2$；

第三步：列出 18 所有的正因数 1，2，3，3^2，2×3，2×3^2.

这两个算法中正确的是_____.

8. 下面给出了一个解方程 $4x-5=0$ 的算法.

第一步：将常数项 5 移到方程右边，得_____；

第二步：_____.

B 组

1. "三角形的底和高的长度分别为 a，b，求面积 S" 的一个算法如下.

①计算 $S=\dfrac{1}{2}ab$；

②输入三角形的底和高的长 a，b 的值；

③输出三角形面积 S 的值.

其正确的顺序是_____.

2. 给出以下语句：

①从杭州到上海，先乘出租车到火车站，再坐高铁到上海；

②解方程 $-3x+5=8$ 的过程是先移项后，再把 x 的系数化为 1；

③利用公式 $C=2\pi r$ 计算半径为 3 的圆的周长为 $2\pi\times3$；

④解不等式 $x^2-3x-4\leqslant0$.

其中是算法的是_____.

5.2　流程图

学习目标

会画算法的流程图；能说出不同程序框的名称、功能；掌握算法的三种基本逻辑结构并用流程图表示；能根据简单的实际问题画出其流程图.

学习提示

1. 流程图的图形符号及其功能：

程序框	名称	功能
	终端框（起止框）	表示算法的开始或结束. 通常用圆角矩形表示
	输入、输出框	表示一个算法输入和输出的信息，可以设在算法中任何需要输入、输出的位置. 通常用平行四边形表示
	处理框（执行框）	表示赋值或计算，算法中处理数据需要的算式、公式等分别写在不同的用以处理数据的处理框内. 通常用矩形表示
	判断框	判断某一条件是否成立，成立时在出口处标明"是"或"Y"；不成立时标明"否"或"N". 通常用菱形表示
	流程线	表示执行步骤的路径. 通常用箭头线表示

2. **算法结构**：顺序结构、选择结构和循环结构.

3. **画算法流程图的规则**：

（1）使用标准的图形符号；

（2）框图一般按照从上到下、从左到右的顺序画；

（3）除判断框外，大多数流程图符号只有一个入口和一个出口，判断框是唯一具有超过一个出口的符号；

（4）图形符号内描述的语言要简练、清晰.

习题 5.2.1

A 组

1. 流程图是由一些图框和流程线组成的，其中图框表示_____，图框中的文字和符号表示_____，流程线表示_____.

2. 填写常见的图形符号及功能.

图形符号	名称	功能
	起止框	表示算法的_____或_____，一般用_____表示
	输入、输出框	表示_____操作，一般用_____表示
	处理框	表示_____或_____，通常用_____表示
	判断框	根据条件决定执行两条路径中的_____，一般用_____表示
	流程线	表示_____的路径，一般用_____表示

3. 任何一个算法都必须有的基本结构是_____.

4. 下面左图所示算法的输出结果是_____.

5. 下面右图所示算法的输出结果是_____.

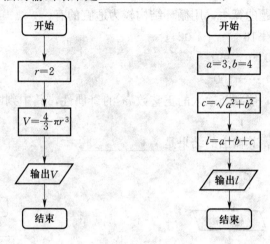

B 组

1. 设计一个算法，已知直角三角形的两直角边边长，求它的外接圆的面积并画出流程图.

2. 某市出租车计价规则为：3 千米以内，12 元；超出 3 千米，每千米 3 元. 假定乘客坐车公里数为 x 千米，打车费金额为 y 元. 设计一个计算打车费的算法并画出流程图.

习题 5.2.2

A 组

1. 用流程图表示求解不等式 $ax>b$（$a \neq 0$）的算法时，判断框内的内容可以是_____
_____.

2. 解决下面四个问题的算法中必须有选择结构的是_____.

①已知梯形上底、下底长分别为 a，b，高为 h，求梯形的面积；

②求方程 $ax+b=0$（a，b 为常数）的根；

③求三个数 a，b，c 中最小数；

④求函数 $f(x)=\begin{cases}-x, & x<0, \\ x, & x\geqslant 0\end{cases}$ 的函数值.

3. 解决下面三个问题的算法，用循环结构较为适宜的有＿＿＿＿＿＿＿＿.

①计算 $1+2+4+8+16+\cdots+1\,024$；

②计算 $1\times 3\times 5\times 7\times\cdots\times 99$；

③计算 $1^2+2^2+3^2+\cdots+100^2$.

4. 如下面左图所示，能判断输入的正整数 m 的奇偶性，其中判断框内的条件是＿＿＿＿＿

＿＿＿＿＿＿＿.

5. 如下面右图所示，其输出的结果是＿＿＿＿＿＿＿.

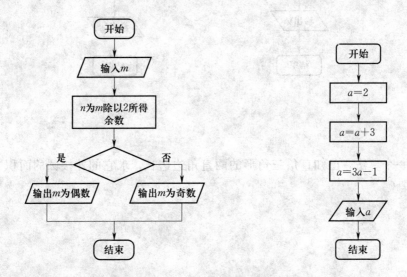

6. 执行以下左面流程图所示的算法，其输出的结果是＿＿＿＿＿＿＿.

7. 执行以下右面流程图所示的算法，其输出的结果是＿＿＿＿＿＿＿.

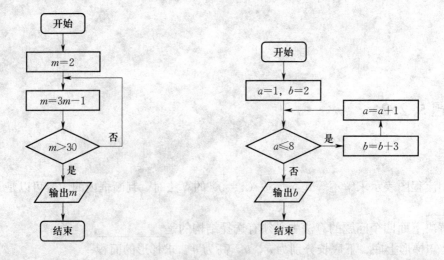

1. 执行以下左面流程图所示的算法，其输出的结果是_____.

2. 根据以下右面流程图，运行相关程序，则输出的结果是_____.

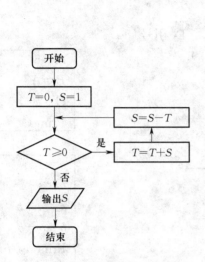

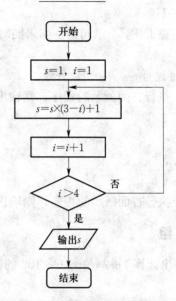

5.3 基本算法语句

学习目标

知道伪代码的基本算法语句，能根据流程图用伪代码写出简单问题的算法.

学习提示

基本算法语句：赋值语句，输入语句，输出语句，条件语句，循环语句.

习题 5.3.1

A 组

1. 下列关于赋值语句的说法错误的是（　　）.

A. 赋值语句先计算出赋值号右边的表达式的值

B. 赋值语句是把左边变量的值赋给赋值号右边的表达式

C. 赋值语句是把右边表达式的值赋给赋值号左边的变量

D. 赋值语句中的"="和数学中的"="不一样

2. 执行右面所示的程序，则输出的结果是（　　）.

A. 8

B. 9

C. 10

D. 11

```
A=2
A=A*2
A=A+6
Print A
End
```

3. 在 INPUT 语句中，如果同时输入多个变量，变量之间的分隔符是（　　）.

A. 逗号　　　　　B. 分号　　　　　C. 空格　　　　　D. 引号

4. 执行右面所示的程序，则输出的结果是（　　）.

A. 3

B. 4

C. 5

D. 6

```
A=5
B=A
C=B
Print C
```

5. 执行右面所示的程序，则输出的结果是_____.

B 组

写出计算 $1+2+3+\cdots+100$ 的值的算法.

```
a=1
b=3
a=a+b
b=a-b
Print a，b
End
```

习题 5.3.2

A 组

1. 执行右面的程序，已知 i 的初始值为 1，则输出的 s 的值是（　　）.

A. 5

B. 9

C. 13

D. 17

```
Do
    i=i+2
    s=2×i-1
Until i<6
End Do
Print s
End
```

2. 执行右面的程序，则输出 s 的值是（　　）.

A. 11

B. 15

C. 17

D. 19

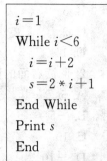

```
i=1
While i<6
    i=i+2
    s=2*i+1
End While
Print s
End
```

3. 请写出下列程序的运行结果.

(1) 以下左面程序输出结果为_____.

(2) 以下右面程序输出结果为_____.

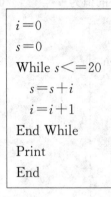

```
i=0
s=0
While s<=20
    s=s+i
    i=i+1
End While
Print
End
```

```
i=0
s=0
Do
    s=s+i*i
    i=i+1
Until i>6
End Do
Print s
```

B 组

对于任意正整数 n，下面给出的是求 $S=1+\dfrac{1}{2}+\dfrac{1}{3}+\dfrac{1}{4}+\cdots+\dfrac{1}{n}$ 的程序所用语句，请根据所给的语句写出正确的程序.

(1) While $i<=n$.

(2) $S=0$.

(3) $i=1$.

(4) Input "$n=$"; n.

(5) Print "$S=$"; S.

(6) $S=S+1/i$.

(7) While End.

(8) End.

(9) $i=i+1$.

习题 5.3.3

A 组

1. 阅读右面的程序，其输出结果是（　　）.

A. -4

```
A=5
B=9
X=A−B
If A>B then
    X=A+B
End If
Print X
End
```

B. 5

C. 9

D. 14

2. 阅读右面的程序，若输入 $x = 5$，则输出 y 的值是（　　）.

A. 5

B. -5

C. 10

D. -10

```
If X<0 then
   Y=-X
Else
   Y=X
End If
Print Y
End
```

3. 阅读下面的程序，若执行的结果是 3，则输入 x 的值为_____.

```
Input X
If X>=0 then
   Y=X
Else
   Y=-X
End If
Print Y
End
```

B 组

阅读下面的程序，将输出的 X 的值依次记为 x_1，x_2，x_3，$\cdots$，x_n.

(1) 求数列 $\{x_n\}$ 的通项公式；

(2) S 的值是多少？

```
S=0
X=1
N=1
Do
   S=S+X
   Print X
   N=N+1
   X=2*X
Until N>10
Print S
End
```

实 践 活 动

写出用区间二分法求方程 $x^3 - x - 1 = 0$ 在区间 $[1，1.5]$ 内的一个近似解（误差不超过 0.001）的一个算法.

理解并掌握二分法原理：

画出流程图：

计算结果：

复习题

A 组

1. 任何一个算法都必须有的基本结构是（　　）.

A. 顺序结构　　　　　　B. 条件结构　　　　　　C. 循环结构　　　　　　D. 三个都有

2. 下列给出的赋值语句中正确的是（　　）.

A. $3 \leftarrow x$　　　　　　B. $y \leftarrow x$　　　　　　C. $2x \leftarrow y - 3$　　　　　　D. $4 \leftarrow 5$

3. 直到型循环结构为（　　）.

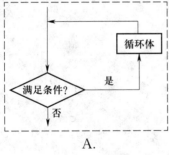

A.

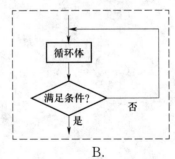

B.

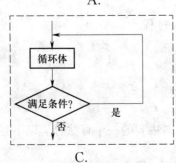

C.

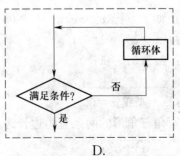

D.

4. 以下左面流程图所示算法的输出结果是_____.

5. 阅读以下右面的程序, 其输出结果是_____.

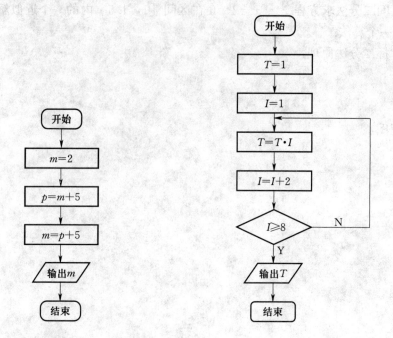

6. 写出解方程组 $\begin{cases} 2x-y=5, \\ 2x+y=-1 \end{cases}$ 的一个程序, 并画出流程图.

B 组

1. 补全下面求方程 $x^2-10x+24=0$ 的解的算法过程.

第一步: $(x-5)^2-1=0$;

第二步: $(x-5)^2=1$;

第三步: _____;

第四步: $x=4$ 或 $x=6$.

2. 已知直角三角形的两条直角边长为 a, b, 求斜边 c 的一个算法分为以下三个步骤:

①计算 $c=\sqrt{a^2+b^2}$;

②输入直角三角形的两条直角边长 a，b 的值；

③输出斜边长 c 的值.

正确的顺序是_____.

3. 已知函数 $y = \begin{cases} x+2, & x>1, \\ -3x^2, & x \leqslant 1, \end{cases}$ 右侧的流程图表示的是给定 x 值，求其相应函数值的算法. 请将该流程图补充完整.

①处为_____；

②处为_____.

若输入 $x=3$，则输出结果为_____.

4. 阅读下面两个程序框图，左图输出的结果为_____；右图输出的结果为_____.

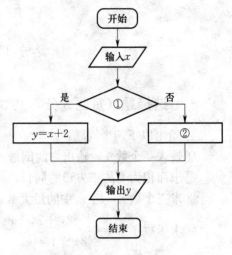

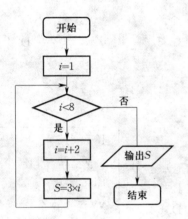

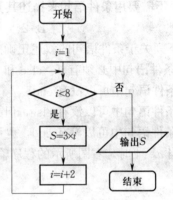

5. 右图所示的是某个函数求值的程序框图，则满足该程序的函数解析式为_____.

6. 某小区管理员每月向住户收取卫生费，计费方法是：4 人或 4 人以下的住户，每户收取 5 元；超过 4 人的住户，每超出 1 人加收 1 元. 设计一个算法，根据输入的人数，计算应收取的卫生费，并画出程序框图.

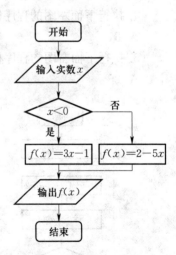

测 试 题

总分 100 分，时间：90 分钟

一、选择题（每题 5 分，共 35 分）

1. 给出以下四个问题：

①输入一个数 x，输出它的倒数；

②求面积为 9 的正方形的周长；

③求三个数 a，b，c 中的最大数；

④求函数 $f(x)=\begin{cases}-2x+2, & x<0, \\ 3x-1, & x\geqslant0\end{cases}$ 的函数值.

以上不需要用条件语句来描述其算法的有（　　）个.

A. 1   B. 2   C. 3   D. 4

2. 下列关于条件语句的叙述正确的是（　　）.

A. 条件语句中必须有 if、else 和 end

B. 条件语句中可以没有 end

C. 条件语句中可以没有 else，但必须有 end

D. 条件语句中可以没有 end，也可以没有 else

3. 当 $a=4$ 时，右图所示的程序输出的结果是（　　）.

A. 7   B. 14

C. 8   D. 6

```
If a<15
    y=2a-1;
Else
yy=3a+2
Print
```

4. 执行下面左图的程序框图，输出的 S 的值是（　　）.

A. 51   B. 57   C. 71   D. 95

5. 执行下面右图的程序框图，输出的 S 的值是（　　）.

A. 25   B. 9   C. 17   D. 20

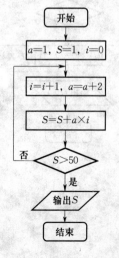 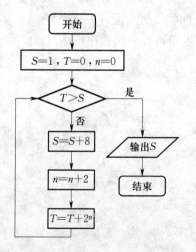

6. 阅读计算 $1 \times 3 \times 5 \times \cdots \times 99$ 的程序（见右图），while 后面的条件应该是（　　）.

A. $i > 99$

B. $i >= 99$

C. $i < 99$

D. $i <= 99$

```
i = 1
S = 1
While _____
    S = S * i
    i = i + 2
End
Print S
```

7. 秦九韶是我国南宋时期的数学家，他所著《数书九章》中提出的多项式求值的秦九韶算法，至今仍是比较先进的算法. 下图所示的程序框图给出了利用秦九韶算法求某多项式值的一个实例，若输入 n，x 的值分别为 3，3，则输出 v 的值为（　　）.

A. 16　　　　　　　　B. 48　　　　　　　　C. 30　　　　　　　　D. 49

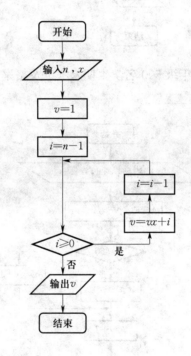

二、填空题（每题 8 分，共 32 分）

1. 执行右图所示的程序框图，输出的 S 值为 _____ .

2. 有以下问题：

①输入一个数 x，输出它的算术平方根；

②求函数 $f(x) = \begin{cases} x^2 + 1, & x \geqslant 1, \\ x + 1, & x < 1 \end{cases}$ 的函数值；

③求 x 的绝对值；

④求三个数 a，b，c 中的最大数.

以上需要用条件语句来描述其算法的是 _____ .

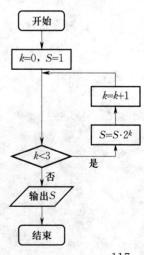

3. 程序框图如下图所示，运行此程序，则输出 b 的值为_____.

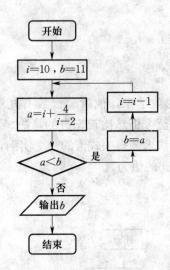

4. 下图是计算某学校高一年级 500 名学生期末考试及格率 q（满分为 100 分）的程序框图，则图中空白框内应填入_____.

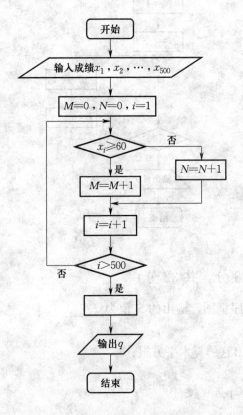

三、解答题（共 2 题，共 33 分）

1. 求函数 $y = \begin{cases} x^2 - 4x, & x < 1, \\ x, & x \geq 1 \end{cases}$ 的函数值的程序框图如下图所示.

（1）指出程序框图中的错误，并写出正确的算法.

（2）重新绘制解决该问题的程序框图，回答下列问题.

1）要使输出的值为正数，输入 x 的值应满足什么条件？

2）要使输出的值为 12，输入 x 的值应是多少？

3）要使输出的 y 值最小，输入 x 的值应是多少？

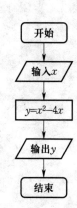

2. 2023 年 1 月 1 日起，儿童乘车时，儿童优惠票和儿童免费乘车以年龄划分优惠标准. 随同成年人乘车的儿童，若年龄不超过 6 周岁，则无须购票；若年龄超过 6 周岁，但不超过 14 周岁，可购买儿童优惠票；若超过 14 周岁，应购全价票. 试设计一个购票的算法，写出程序并画出框图.